Esther Held

Eigenspannungsanalyse an Schichtverbunden mittels inkrementeller Bohrlochmethode

Schriftenreihe
des Instituts für Angewandte Materialien
Band 30

Karlsruher Institut für Technologie (KIT)
Institut für Angewandte Materialien (IAM)

Eine Übersicht über alle bisher in dieser Schriftenreihe erschienenen Bände finden Sie am Ende des Buches.

Eigenspannungsanalyse an Schichtverbunden mittels inkrementeller Bohrlochmethode

von

Esther Held

Dissertation, Karlsruher Institut für Technologie (KIT)
Fakultät für Maschinenbau
Tag der mündlichen Prüfung: 25. Juli 2013

Impressum

Karlsruher Institut für Technologie (KIT)
KIT Scientific Publishing
Straße am Forum 2
D-76131 Karlsruhe

KIT Scientific Publishing is a registered trademark of Karlsruhe Institute of Technology. Reprint using the book cover is not allowed.

www.ksp.kit.edu

Print on Demand 2013

ISSN 2192-9963
ISBN 978-3-7315-0127-5

Eigenspannungsanalyse an Schichtverbunden mittels inkrementeller Bohrlochmethode

Zur Erlangung des akademischen Grades

Doktor der Ingenieurwissenschaften

der Fakultät für Maschinenbau

Karlsruher Institut für Technologie (KIT)

genehmigte

Dissertation

von

Dipl.-Ing. Esther Held geb. Obelode

Tag der mündlichen Prüfung: 25.07.2013

Hauptreferent: Prof. Dr. rer. nat. Alexander Wanner

Korreferent: Prof. Dr. Robert Vaßen

Symbolverzeichnis

α	Winkel zwischen σ_x und σ_1
α_{th}	Ausdehnungskoeffizient
$\Delta\varepsilon$	Dehnungsauslösung eines Tiefeninkrements
$\Delta_{Spannung}$	relative Spannungsabweichung
$\varepsilon_{1,2,3}$	Dehnungsauslösungen
ε_r, ε_φ	Dehnungen im zylindrischen Koordinatensystem
$\varepsilon^*_{Verbund}$	korrigierte Dehnungsauslösung
ε_{pl}	plastische Dehnung
γ, c	Parameter der kinematischen Verfestigung
κ	$\nu_{Schicht}/\nu_{Substrat}$
ν	Querkontraktionszahl, Poisson-Zahl
φ, ψ	Winkel röntgenographische Spannungsanalyse
ξ	normierte Bohrtiefe z/D_0
ρ	Porosität
ρ_{krit}	kritische Porosität
σ	Spannung
σ_0	Streckgrenze mit $\varepsilon_{pl} = 0$
$\sigma_{1,2}$	Hauptspannungen
σ_{ES}	Eigenspannung
$\sigma_{Auswertung}$	aus Dehnungsauslösungen berechnete Spannung
σ_{LS}	Lastspannung
$\sigma_{nominal}$	in der Simulation aufgeprägte Spannung
σ_{norm}	Normierungsspannung
σ_q	Abschreckeigenspannungen
σ_x, σ_y, τ_{xy}	Spannungen im lokalen Koordinatensystem
θ	Beugungswinkel
χ	$E_{Schicht}/E_{Substrat}$
$\bar{a}_{ij}$, $\bar{b}_{ij}$	Kalibrierkonstanten der Integralmethode
i,j	ganzzahlige Zahlen
n	Exponent

p,q	hydrostatischer- und deviatorischer Dehnungsanteil
r	R/R_0
$½\ s_2$, s_1	röntgenographische Konstanten
t_c	Schichtdicke
$t_{c,n}$	auf den Bohrlochdurchmesser normierte Schichtdicke
$t_{Interlayer}$	Dicke der Zwischenschicht
t_k	Schichtdicke zur Bestimmung der Kalibrierdaten
t_m	mittlere Schichtdicke
x,y	Koordinaten
z	Bohrtiefe
$A_{Interface}$	Amplitude der Rauheit am Interface
A,B	Kalibrierkonstanten
A_{DMS}	Fläche der DMS
C_{ijkl}	Komponenten des Elastizitätstensors
D	Rosettendurchmesser
D_0	Bohrlochdurchmesser
E	E-Modul
E_0	E-Modul des Vollmaterials
E_{IT}	Eindringmodul
F	Kraft
J	Periodizität
$K_x^D(\xi), K_y^D(\xi)$	Kalibrierfunktionen der Differentialmethode
M	Faktor bei der Korrektur nach Schwarz
P,Q	biaxiale und Schubspannungsanteil des Spannungstensors
R	Abstand vom Bohrlochmittelpunkt
R_0	Radius des Bohrlochdurchmessers
R_a	arithmetrische Mittenrauwert
R_{eS}	Streckgrenze
R_z	Rautiefe
$T_{Substrat}$	Substrattemperatur

Inhalt

1 Einleitung

Dickschichtsysteme mit Schichtdicken zwischen 50 und 1000 µm werden heute weitverbreitet eingesetzt, um die Oberflächen- und Randschichteigenschaften von Bauteilen auf die speziellen Anforderungen von unterschiedlichsten Einsatzgebieten zu optimieren. So werden zum Beispiel Turbinenschaufeln im Heißgaspfad moderner Gasturbinen mit Wärmedämmschichten versehen, um die Temperaturbeständigkeit der Bauteile zu erhöhen[1]. Hüftimplantate werden mit Hydroxylapatit beschichtet, um die Anbindung zum Knochenmaterial zu verbessern [2]. Im Offshore Bereich werden viele Bauteile mit Aluminium beschichtet, um die Korrosionsbeständigkeit im Meerwasser zu erhöhen.

Zur Abscheidung von Dickschichtsystemen gibt es eine Reihe von unterschiedlichen Verfahren, hierzu gehören unter anderem die thermischen Spritzverfahren, das Plattieren oder die Galvanik [3]. Die Entstehung von Eigenspannungen bei der Herstellung von Schichtsystemen, wie zum Beispiel beim thermischen Spritzten, ist unvermeidbar. Der entstehende Eigenspannungszustand in Schichtsystemen ist dabei von großer Bedeutung für die spätere Beanspruchbarkeit von beschichteten Bauteilen, genauso wie für deren Ermüdungsverhalten, deren Korrosions- und Verschleißbeständigkeit. Die Haftfestigkeit der Schichten auf dem Substrat hängt ebenfalls maßgeblich vom Eigenspannungszustand in Schicht und Substrat ab [4]. Werden dünne Substrate beschichtet, so kommt es durch die beim Spritzen entstehenden Eigenspannungen zum Verzug der Bauteile.

Um die Lebensdauer von Schichten zu erhöhen, um Verzug zu minimieren und um die Eigenschaften von Schichten hinsichtlich ihrer Beanspruchbarkeit zu optimieren, ist es somit notwendig, den Eigenspannungszustand in Schichtsystemen zu kennen und auch bestimmen zu können. Hierbei ist nicht nur der Eigenspannungszustand direkt nach dem Beschichtungsprozess von Bedeutung. Auch Änderungen im Verlauf des Betriebs zum Beispiel durch zyklische thermomechanische Belastung, sollten untersucht werden können, da diese entscheidend für die Vorhersage der Lebensdauer und die Untersuchung von Versagensmechanismen sind. In vielen Beschichtungsprozessen entstehen Eigenspannungen nicht nur in der Schicht, sondern auch im darunter liegendem Substrat. Aus diesem Grund besteht die Notwendigkeit, Eigenspannungstiefenverläufe im gesamten Schichtsystem, das heißt in der Schicht und im Substrat, bestimmen zu können. Dabei liegt der Fokus der vorliegenden Arbeit auf der Anwendbarkeit und schließlich auch der Entwicklung einer Methodik zur Bestimmung von Eigenspannungstiefenverläufen mit Schichtdicken zwischen 50 und 1000 µm.

Ziel dieser Arbeit ist es, eine Mess- und Auswertestrategie zur Eigenspannungsanalyse in Dickschichtsystemen zu entwickeln. Diese soll es ermöglichen, auch prozessbegleitend schnell und zuverlässig Eigenspannungsanalysen an realen Bauteilen durchführen zu können.

Nach der röntgenographischen Eigenspannungsanalyse (RSA) ist die inkrementelle Bohrlochmethode die vor allem industriell am häufigsten verwendete Methode zur Bestimmung von Eigenspannungstiefenverläufen. Die Methode zeichnet sich durch eine einfache Anwendbarkeit und im Gegensatz zur RSA durch die schnelle Bestimmung von Eigenspannungstiefenprofilen aus.

In dieser Arbeit soll die inkrementelle Bohrlochmethode hinsichtlich ihrer Anwendung an Dickschichtsystemen weiterentwickelt werden. Hierzu werden zunächst die Grenzen der Bohrlochmethode hinsichtlich ihrer Anwendbarkeit auf Schichtverbunde und des Einflusses des Schichtaufbaus auf die Spannungsbestimmung simulativ untersucht. Anschließend wird eine Auswertemethodik für die Bohrlochmethode vorgeschlagen, die es ermöglicht, auch Eigenspannungstiefenverläufe an Dickschichtsystemen schnell und zuverlässig zu bestimmen.

Die entwickelte Methodik wird dann an einem Beispielschichtsystem experimentell angewendet und die Ergebnisse mit komplementären Messmethoden verglichen. Als Modellschichtsystem hierfür dient in dieser Arbeit ein Schichtverbund bestehend aus einer thermisch gespritzten Aluminiumschicht auf einem Stahlsubstrat.

2 Stand der Technik

2.1 Eigenspannungen in thermisch gespritzten Schichten

Eigenspannungen sind Spannungen, die in einem temperaturgradientenfreien Bauteil vorhanden sind, auch ohne dass auf dieses Bauteil äußere Kräfte oder Momente wirken. Dies bedeutet, dass die mit den Eigenspannungen verbundenen Kräfte und Momente im inneren Gleichgewicht stehen müssen [5]. Eigenspannungen entstehen durch inhomogene, plastische Verformung unter anderem während der mechanischen Fertigung oder während einer Wärmebehandlung, zum Beispiel durch im Werkstoff auftretende Phasenumwandlungen [6].

Es gibt verschiedene Möglichkeiten Eigenspannungen zu unterteilen. Eine mögliche Unterteilung bezieht sich auf die Reichweite der Eigenspannungen [5], [7]. Im deutschsprachigen Bereich hat sich die Aufteilung in Eigenspannungen I., II. und III. Art nach Macherauch [5] etabliert (Abb. 2.1):

- **Eigenspannungen I. Art**

Eigenspannungen I. Art sind über weite Werkstoffbereiche annähernd homogen, das heißt mit gleichem Vorzeichen und annähernd gleichem Betrag. Bezüglich jeder Schnittfläche des Bauteils stehen die mit ihnen verbundenen inneren Kräfte im Gleichgewicht. Die mit ihnen verbundenen inneren Momente verschwinden ebenfalls bezüglich jeder Achse. Bei

Eingriffen in das Momenten- und Kräftegleichgewicht des Körpers kommt es immer zu makroskopischen Formänderungen. [5]

- **Eigenspannungen II. Art**

Eigenspannungen II. Art sind über kleine Werkstoffbereiche (innerhalb eines Korns oder Kornbereichs) nahezu homogen. In diesem kleinen Bereich stehen die mit den Eigenspannungen 2. Art verbundenen Kräfte und Momente im Gleichgewicht. Bei Eingriffen in das Gleichgewicht kann es zu makroskopischen Formänderungen kommen. [5]

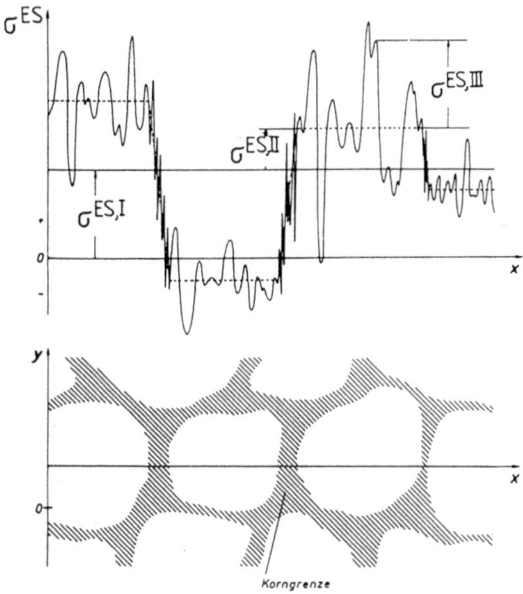

Abb. 2.1: Zur Definition von Eigenspannungen für einphasige Werkstoffe nach [5]

- **Eigenspannungen III. Art**

Eigenspannungen III. Art sind über kleinste Werkstoffbereiche (einige Atomabstände) inhomogen. In kleinen Bereichen stehen die mit ihnen verbundenen inneren Kräfte und Momente im Gleichgewicht. Bei einem

Eingriff in dieses Gleichgewicht treten keine makroskopischen Formänderungen auf. [5]

In einem realen Bauteil überlagern sich alle drei Arten von Eigenspannungen [6] gemäß:

$$\sigma_{ES} = \sigma_{ES;I} + \sigma_{ES;II} + \sigma_{ES;III} \tag{2.1}$$

Eine andere Möglichkeit zur Unterteilung von Eigenspannungen ist die Unterscheidung nach ihrer technologischen Herkunft. Sie werden dann zum Beispiel in Guß-, Umform-, Bearbeitungs-, Wärmebehandlungs-, Füge-, Deckschicht- und Diffusionseigenspannungen eingeteilt [8].

Bei thermischen Spritzprozessen entsteht im Allgemeinen sowohl in der Schicht als auch im Substrat ein rotationsymmetrischer ($\sigma_1 = \sigma_2$) Eigenspannungszustand [4]. In der Schicht setzen sich diese Eigenspannungen aus den Abschreckeigenspannungen (quenching stresses) σ_q und den thermischen Abkühleigenspannungen zusammen [9]. Besteht die Schicht aus einem einphasigen Werkstoff, sind die Eigenspannungen in der Regel makroskopische Eigenspannungen der I. Art. Bei mehrphasigen Werkstoffen setzen sich die Makrospannungen aus den Eigenspannungen der einzelnen Phasen zusammen. Die Abschreckeigenspannungen entstehen, wenn die aufgeschmolzenen Partikel beim Spritzen auf das Substrat auftreffen und durch die wesentlich geringere Temperatur des Substrats $T_{Substrat}$ abgeschreckt werden [4], [10], [11]. Bei diesem Vorgang bauen sich in der Schicht zunächst Zugeigenspannungen auf. Beim anschließenden gemeinsamen Abkühlen von Schicht und Substrat auf Raumtemperatur entstehen thermische Abkühleigenspannungen auf Grund der unterschiedlichen thermischen Ausdehnungskoeffizienten von Schicht $\alpha_{th,Schicht}$ und Substrat $\alpha_{th,Substrat}$. Je nachdem, ob der thermische Ausdehnungskoeffizient der Schicht größer oder kleiner als der thermische Ausdehnungskoeffizient des Substrats ist, ergeben sich bei Raumtemperatur in der Schicht Zug- oder Druckeigenspannungen. Dies bedeutet, dass der resultierende Eigenspannungszustand in der Schicht maßgeblich von der Materialkombination des Schichtverbundes abhängt (vgl. Abb. 2.2). Die Eigenspannungen in der Schicht lassen sich nach [12] folgendermaßen abschätzen:

$$\sigma_{Res}(T_0) = E_{Schicht}(T_0)\left[\frac{\sigma_q(T_{Substrat})}{E_{Schicht}(T_{Substrat})} + \left(\alpha_{th,Schicht} - \alpha_{th,Substrat}\right)(T_{Substrat} - T_0)\right] \tag{2.2}$$

Die eingebrachten Spannungen hängen allerdings nicht nur von der Materialkombination ab, sondern werden zusätzlich durch das eingesetzte Beschichtungsverfahren und die ausgewählten Spritzparameter (Beschichtungstemperatur, Auftragsrate, eingesetzte Partikelgröße etc.) beeinflusst [13]. Neben metallurgischen und physikalischen Wechselwirkungen, wie zum Beispiel van der Waals-Kräften, haften thermische Spritzschichten auf dem Substrat vor allem durch mechanische Verankerung [14]. Da mit steigender Oberflächenrauheit R_a die Haftfestigkeit der Schichten ansteigt [15], [16], wird die Oberfläche des Substrats vor dem eigentlichen Beschichtungsprozess aufgeraut und aktiviert. Dies geschieht in den meisten Fällen durch einen Sandstrahlprozess. Ein alternatives Verfahren zur Oberflächenvorbereitung ist zum Beispiel die Laserablation [14]. Durch das Sandstrahlen wird allerdings nicht nur die Oberflächenrauheit des Substrats erhöht. Gleichzeitig kommt es zur Werkstoffverfestigung in den oberflächennahen Bereichen des Substratwerkstoffes und es werden signifikante Eigenspannungen in diese Bereiche eingebracht. Beim Sandstrahlen sind dies Druckeigenspannungen mit einem Maximum der Druckspannungen unterhalb der Oberfläche [17],

[18]. In vielen Fällen werden zusätzlich noch Haftvermittler- bzw. Zwischenschichten eingesetzt [14]. Auch in diesen Schichten entstehen Eigenspannungen, die die Eigenschaften des Schichtverbundes beeinflussen.

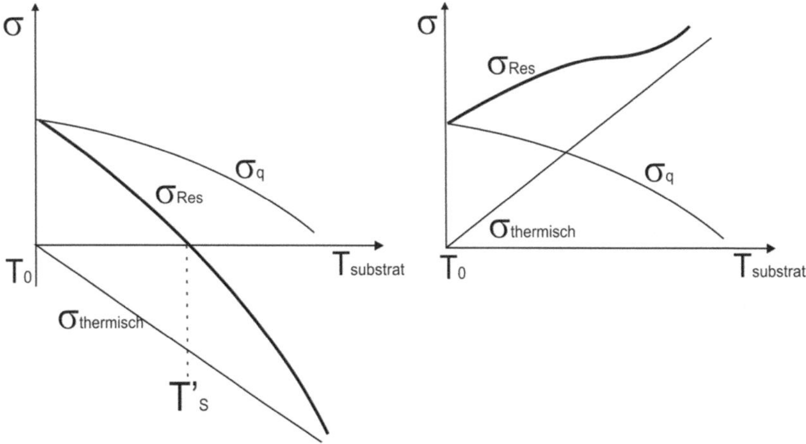

Abb. 2.2: Schematisches Diagramm der Eigenspannungsausbildung in thermisch gespritzten Schichten in Abhängigkeit von der Substrattemperatur $T_{Substrat}$ nach [9]. $\sigma_{Res}(T_0)$ ist die Eigenspannung, die sich nach Abkühlen auf T_0 in der Schicht ausbildet

Im späteren Einsatz des beschichteten Bauteils kann sich durch mechanische und thermische Beanspruchungen der Eigenspannungszustand sowohl in der Schicht als auch im Substrat verändern. Dadurch werden auch die Schichteigenschaften, wie Adhäsion und Lebensdauer, beeinflusst.

Viele Eigenschaften des Schichtverbundes, wie zum Beispiel die Adhäsion, der Korrosionswiderstand und das Ermüdungsverhalten, hängen direkt vom Eigenspannungszustand des Schichtverbundes ab. So erhöhen hohe Druckeigenspannungen in der Schicht einerseits die Dauerfestigkeit von beschichteten Bauteilen, anderseits steigt die Wahrscheinlichkeit, dass das Bauteil durch Abplatzen der Schicht versagt [19]. Um den Einfluss der Eigenspannungen auf die Bauteileigenschaften untersuchen zu können, ist es notwendig die Eigenspannungen sowohl in der Schicht als auch am Interface und im Substrat zuverlässig bestimmen zu können.

2.2 Eigenspannungsermittlung an Schichtverbunden

Zur Eigenspannungsermittlung an Schichtverbunden wurden bis jetzt verschiedene Methoden, sowohl Diffraktions- als auch mechanische Methoden, in Betracht gezogen [20], [21]. Bei thermisch gespritzten Schichten aber auch bei anderen Dickschichtsystemen besteht die Herausforderung darin, dass die Eigenspannungen nicht nur an der Oberfläche der Schicht, sondern dass die auftretenden Spannungsgradienten über die gesamte Schichtdicke und im darunter liegenden Substrat zuverlässig bestimmt werden müssen.

Im Allgemeinen können die in Frage kommenden Methoden in Diffraktionsmethoden und mechanische Methoden unterteilt werden. Bei allen anderen noch existierenden Methoden zur Eigenspannungsbestimmung, wie magnetische oder akustische Methoden [22], [23], [24] ist die örtliche Auflösung nicht ausreichend, um gradientenbehaftete Eigenspannungstiefenverläufe, wie sie in Schichtverbunden vorliegen, aufzulösen. Zusätzlich bilden diese Methoden auch immer die Mikrostruktur der Proben ab, so dass die Bestimmung der Eigenspannungen nicht eindeutig möglich ist. Mit diesen Methoden kann nach aufwendiger Kalibrierung am jeweiligen Materialsystem ausschließlich ein integraler Wert für den gesamten Schichtverbund bestimmt werden. Zur Ermittlung der Eigenspannungen vor allem an dünnen Schichten wird auch die Ramanspektroskopie [25], [26] angewandt. Sie liefert allerdings ausschließlich Oberflächenwerte, bzw. kann nur an Querschliffen von Schichtverbunden durchgeführt werden, so dass durch die Präparation der Schliffe die Eigenspannungen relaxiert oder durch das Schleifen und Polieren stark beeinflusst sind. Mit diesen Methoden können somit nur grobe Abschätzungen der Eigenspannungen vorgenommen werden. Dies lässt außerdem den Schluss zu, dass die Ramanspektroskopie zur Eigenspannungsermittlung an realen Bauteilgeometrien nicht angewendet werden kann.

Im nachfolgenden Teil soll kurz auf die Grundlagen der Diffraktions- und mechanischen Methoden eingegangen werden und deren Anwendbarkeit auf Dickschichtsysteme betrachtet werden. Auf die Bohrlochmethode als eine spezielle mechanische Methode wird im Anschluss genauer eingegangen.

2.2.1 Diffraktionsmethoden

Diffraktionsmethoden zur Eigenspannungsanalyse nutzen Röntgen-, Synchrotronröntgen- oder Neutronenstrahlung, um die Gitterverzerrung in kristallinen Werkstoffen zu bestimmen und aus diesen Gitterverzerrungen die im Material vorliegenden Eigenspannungen zu berechnen.

Es ist möglich, diffraktometrische Eigenspannungsanalysen an Dickschichten mittels Hochenergiesynchrotron- oder mittels Neutronenstrahlung [26–29] durchzuführen. Durch das hohe Eindringvermögen von Neutronenstrahlung ist es prinzipiell möglich, eine zerstörungsfreie Analyse des Eigenspannungstiefenverlaufs durchzuführen. Mit der zunehmenden Eindringtiefe der Strahlung sinkt allerdings die örtliche Auflösung der Methoden, so dass steile Eigenspannungsgradienten, wie sie in Schichtverbunden häufig vorkommen, an der Oberfläche und im Übergang Schicht-Substrat nur mit hohem Aufwand abgebildet werden können [27]. Auch mittels Hochenergiesynchrotronstrahlung ist es möglich, zerstörungsfrei Eigenspannungstiefenverläufe zu bestimmen. Die Methoden werden dadurch erschwert, dass in den meisten Fällen der Gitterebenenabstand d_0 des Materials im dehnungsfreien Zustand bekannt sein muss, um eine Aussage über die Spannungen im Schichtverbund treffen zu können [21]. Die sehr eingeschränkte Verfügbarkeit dieser Strahlungen macht diese Methoden allerdings nur bedingt praxistauglich.

Zur Bestimmung von Eigenspannungen mittels konventionell erzeugter Röntgenstrahlung werden die $\sin^2\psi$ – Methode [28] sowie spezielle, auf dieser Methode aufbauende Methoden verwendet. Die Methoden werden ausführlich in [12], [28], [29], [30], [31] dargestellt. Die Eindringtiefe von konventionell erzeugter Röntgenstrahlung beträgt je nach Material und Strahlung nur einige wenige µm und reicht nicht aus, um zerstörungsfrei Eigenspannungstiefenverläufe in Dickschichtsystemen zu bestimmen. Die $\sin^2\psi$ – Methode kann zwar auch in Kombination mit Hochenergiesynchrotronstrahlung angewendet, so dass je nach Eindringtiefe der Strahlung im Material auch Eigenspannungstiefenprofile bestimmt werden können [32], jedoch besteht hierbei wiederum die Problematik der nur eingeschränkten Verfügbarkeit.

Bei metallischen Beschichtungen besteht grundsätzlich die Möglichkeit, die prozessinduzierten Eigenspannungen und deren Tiefenverteilungen mittels sukzessiven elektrochemischen Subschichtabtrags und anschließender röntgenographischer Eigenspannungsanalyse an der jeweils neu geschaffenen Werkstückoberfläche zu bestimmen. Durch das elektrochemische Abtragen kann es allerdings zu einer Umlagerung der Eigenspannungen kommen. Im Fall von einem homogenen Werkstoffzustand und einem flächigen Werkstoffabtrag kann die Umlagerung der Eigenspannungen nach [33] korrigiert werden. Die Korrektur gilt nicht für Schichtverbunde, so dass es zu nichtbestimmbaren Auswertefehlern kommen kann. Bei der röntgenographischen Spannungsanalyse werden die Eigenspannungen immer phasenselektiv bestimmt. Die analysierten Eigenspannungen setzen sich aus den Makroeigenspannungen der untersuchten Phase und dem Mittelwert der Mikroeigenspannungen zusammen. Bei mehrphasigen Schicht- oder Substratwerkstoffen müssen streng genommen somit immer in allen Phasen die Eigenspannungen bestimmt werden. Bei thermisch gespritzten Schichten gilt dies ebenfalls im Bereich des Interfaces, in dem auf Grund der Rauheit des Interfaces nebeneinander sowohl der Schicht- als auch der Substratwerkstoff vorliegen. Dies erhöht den Aufwand zur Bestimmung von Eigenspannungstiefenverläufen in Schichtsystemen wesentlich. An großvolumigen Bauteilen, wie zum Beispiel Bremsscheiben, Turbinenschaufeln oder auch Walzen, ist die Eigenspannungsbestimmung ohne Zerteilen des Bauteils oftmals nur unter Verwendung von mobilen Diffraktometern möglich. Wenn komplette Bauteile untersucht werden sollen, muss zusätzlich die freie Zugänglichkeit der Messstelle beachtet werden. An keramischen Schichten und Hartmetallschichten ist die Bestimmung von Eigenspannungstiefenverläufen durch röntgenographische Eigenspannungsanalyse mit konventionell erzeugter Röntgenstrahlung nur möglich, wenn die Spannungsanalyse mit einer alternativem Methode des Subschichtabtrags kombiniert wird, da zum Einen die Eindringtiefe der Röntgenstrahlung sehr beschränkt und zum Anderen ein elektrochemischer Abtrag nicht möglich ist. Alternativ kommt ein mechanischer Subschichtabtrag oder Ionenstrahl-, Laser- oder Plasmaätzen in Betracht. Um durch einen mechanischen Abtrag keine Eigenspannungen in die Probe einzubringen, muss dieser schonend passieren, was einen hohen Präparationsaufwand bedeutet [34]. Somit ist die röntgenographische Eigenspannungsanalyse im Labor auf Grund ihres hohen Aufwands zur Bestimmung von Eigenspannungstiefenverläufen an Dickschichtsystemen vor allem unter den

Aspekten der kontinuierlichen Prozesskontrolle– und optimierung und der Bauteiltauglichkeit nur sehr bedingt geeignet.

2.2.2 Mechanische Methoden

Eine weitere Möglichkeit zur Bestimmung von Eigenspannungen in Schichten bieten die mechanischen Methoden [20]. Hierzu gehören unter anderem die „contour"-Methode [35], das „Slitting" [36], „layer-removal" [37], die Ringkernmethode [38] ebenso wie die Bohrlochmethode, auf die im nächsten Kapitel noch genauer eingegangen wird. Oft angewandt wird im Zusammenhang mit Schichtverbunden die Stoney-Gleichung [39], die aus der Durchbiegung von kleinen Biegebalken die Eigenspannungen in der Schicht bestimmt. Sie bietet eine einfache Möglichkeit, schon während des Beschichtungsprozesses in-situ die Eigenspannungen in der Schicht zu bestimmen [20], [40]. Um mit dieser Methode Eigenspannungsgradienten innerhalb der Schicht abbilden zu können, sind aufwendige Finite Elemente (FE-) Simulationen der Durchbiegung während der Beschichtungsprozesses notwendig. Werden diese durchgeführt und die Ergebnisse beispielsweise mit röntgenographisch ermittelten Eigenspannungen verglichen, so ergeben sich vergleichbare Eigenspannungswerte für den Bereich der Schicht [41]. Diese Methode kann ausschließlich den Eigenspannungszustand direkt nach der Beschichtung abbilden. Nicht untersucht werden können Änderungen des Eigenspannungszustandes durch mechanische oder thermische Lasten während des Betriebs. Angewandt wird die Stoney-Gleichung ebenfalls im Zusammenhang mit „layer-removal"- Techniken [42], bei denen die Schicht schrittweise abgetragen und die resultierende Durchbiegung der Probe gemessen wird, um somit weitere Aussagen über die Verteilung der Eigenspannungen in der Schicht geben zu können. Bei der „contour"-Methode [35], wird die Oberflächenverformung nach dem Zerschneiden eines Bauteils zumeist mit einer Koordinatenmessmaschine gemessen. Durch Aufprägen dieser Oberflächenverformungen auf ein FE-Modell des zerschnittenen Bauteils kann auf die Eigenspannungen im Bauteil zurückgeschlossen werden. Auf Grund der geringen Tiefenauflösung, vor allem bei der Messung der Oberflächenverformungen, eignet sich die Methode nicht zur Bestimmung von Eigenspannungstiefenverläufen in Schichtsystemen. Bei der „Slitting"-Methode wird schrittweise ein Schlitz in die Probe eingebracht und die resultierenden Dehnungsauslösungen werden gemessen [36]. Prinzipiell bietet sich diese Methode an, um auch Eigenspannungstiefenprofile an Schichtsystemen zu bestimmen. Es kann allerdings nur die Eigenspannung in der Richtung senkrecht zum Schlitz ermittelt werden. Die Auswertung der gemessenen Dehnungsauslösungen basiert auf ähnlichen Methoden wie die Auswertung der Bohrlochmethode. Die Auswertemethoden gelten, soweit dies nach Sichtung der Literatur gesagt werden kann, ausschließlich für unbeschichtete Werkstoffzustände.

2.3 Bohrlochmethode zur Eigenspannungsermittlung an homogenen Werkstoffzuständen

2.3.1 Grundprinzip

Die inkrementelle Bohrlochmethode gehört zu den mechanischen Methoden der Eigenspannungsmessung und ist in der ASTM E837-08 [43] genormt. Bei der inkrementellen Bohrlochmethode wird das Eigenspannungsgleichgewicht durch das schrittweise Einbringen eines kleinen Sacklochs gestört. Da dieses Loch oft klein im Vergleich zur Bauteilgröße ist und das Bauteil trotz des Lochs in einigen Fällen weiter verwendet werden kann, wird die Bohrlochmethode oft auch als teilzerstörendes Verfahren bezeichnet. Erstmals schlug 1933 Mathar [44] vor, die beim Bohren eines Lochs auftretenden Verformungen zu messen und daraus mit Hilfe der linear-elastischen Kontinuumsmechanik und der Gleichung von Kirsch [45] einen Mittelwert der im Bauteil vorhandenen Eigenspannungen zu ermitteln. Durch das heute verwendete sukzessive Einbringen des Bohrlochs und das Messen der an der Probenoberfläche auftretenden Dehnungsauslösungen kann nicht nur ein integraler Mittelwert, sondern vor allem auch ein Eigenspannungstiefenverlauf bestimmt werden (vgl. Abb. 2.3). Die Messung der Dehnungsauslösungen an der Oberfläche als Funktion der Bohrtiefe erfolgt standardmäßig durch 3 Dehnmessstreifen (DMS), die zumeist unter den Winkeln 0°, 45° und 90° zu einer Rosette angeordnet sind [43], [46], [47]. Standardmäßig sind DMS-Rosetten mit Durchmessern von 2,65, 5,13 und 10,26 mm für Bohrer mit Durchmessern von 0,8, 1,6 und 3,2 mm erhältlich.

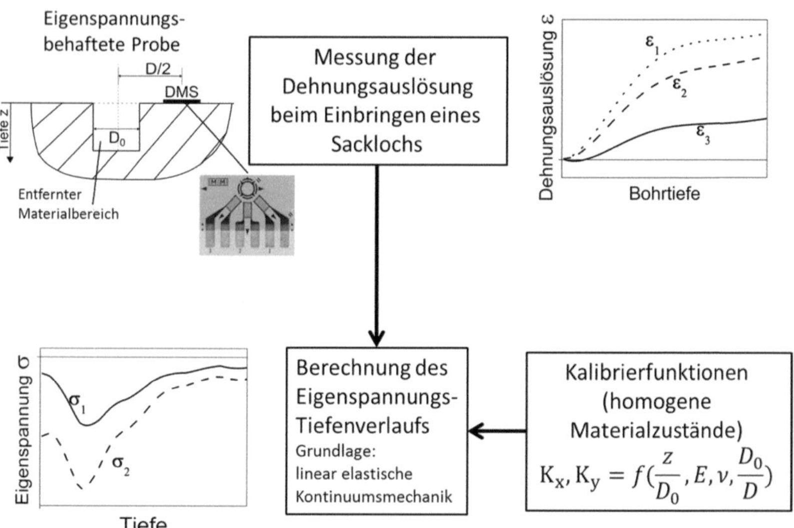

Abb. 2.3: Grundlegendes Prinzip der Bohrlochmethode

In den letzten Jahren wurden vermehrt optische Methoden [48], [49], [50], [51], wie die Grauwertkorrelation [52], [53], die Moirée-Interferometrie [54] oder die Electronic Speckle Pattern Interferometrie (ESPI)

[55], [56], [57], [58], [59] zur Dehnungsmessung eingesetzt. Der große Vorteil der optischen Dehnungsmessung gegenüber der konventionellen DMS-Technik ist die Registrierung des gesamten Dehnungsfeldes um das Bohrloch herum, so dass nicht nur unter den drei durch die Rosette vorgegebenen, sondern unter beliebigen Richtungen die Dehnungsauslösung bestimmt werden kann. Dies bietet viele Möglichkeiten die Dehnungsdaten zu mitteln [60] oder Fehlerrechnungen durchzuführen [61], [62]. Auch ist es möglich, den Bohrlochdurchmesser unabhängig von den Standard-DMS-Rosettenmaßen zu wählen. Der große Nachteil der optischen Dehnungsmessung ist zur Zeit noch die hohe Empfindlichkeit gegenüber äußeren Störungen, so dass sie ausschließlich für Laboranwendungen und nicht für Feldanwendungen geeignet ist [61], [62]. Durch den starren optischen Aufbau der meisten bisher bestehenden Bohrlochgeräte mit optischer Dehnungsmessung ist auch eine Messung an realen Bauteilgeometrien nur eingeschränkt möglich.

Aus den in Abhängigkeit der Bohrtiefe z gemessenen Dehnungsauslösungen kann auf Grundlage der linear elastischen Kontinuumsmechanik der Eigenspannungstiefenverlauf in der Probe berechnet werden. Bei der Bohrlochmethode wird von einem ebenen Spannungszustand ausgegangen. Aus den drei gemessenen Dehnungen können unter dieser Annahme die drei Komponenten des Spannungstensors σ_x, σ_y, τ_{xy}, bzw. die dazugehörigen Hauptspannungen σ_1, σ_2 berechnet werden.

Beim Einbringen eines Sackloches werden die sich im Bauteil befindenden Eigenspannungen nur teilweise ausgelöst (vgl. Abb. 2.4), so dass das Hooke'sche Gesetz nicht direkt angewendet werden darf. Die Löcher werden in der Regel bis zu einer Tiefe von etwa 60% des Bohrlochdurchmesser D_0 gebohrt, da in größeren Tiefen kaum noch Dehnungen ausgelöst werden (Abb. 2.4) [46], [47]. Um die nur teilweise Auslösung der Eigenspannungen zu berücksichtigen, sind Kalibrierkurven bzw. -konstanten notwendig.

Diese Kalibrierkurven sind von folgenden Parametern abhängig:

- der Bohrlochgeometrie (Bohrlochdurchmesser D_0, Bohrtiefe z)
- der Rosettengeometrie (Rosettendurchmesser D, Breite und Länge der DMS)
- den elastischen Eigenschaften des Probenmaterial

Im Fall von homogenen Materialzuständen, das heißt hinsichtlich der elastischen Eigenschaften über das Probenvolumen einheitlichen Materialien, können die Kalibrierkonstanten materialunabhängig ausgedrückt werden. In diesem Fall gehen nur die Materialparameter E, ν als Input-Daten in die Auswertung ein.

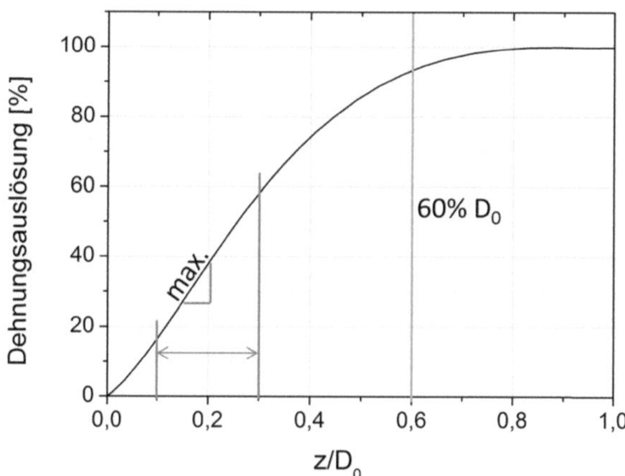

Abb. 2.4: Beim Bohren ausgelöste Dehnung als Funktion der auf den Bohrlochdurchmesser normierten Bohrtiefe z/D_0 bei einem über die Tiefe homogenen Spannungszustand (nach [47])

2.3.2 Auswertemethoden

Zur Berechnung der Eigenspannungen aus den gemessenen Dehnungsauslösungen gibt es verschiedene Auswertemethoden. Eine umfassende

Zusammenfassung der verschiedenen Auswertemethoden und deren zugrundeliegenden mathematischen Zusammenhänge findet sich unter anderem in [63]. Auf Auswertemethoden, die lediglich einen Mittelwert über den gemessenen Tiefenverlauf angeben, wie der Mittelwertansatz, der in der ASTM E837-08 [43] beschrieben ist, soll im Folgenden nicht genauer eingegangenen werden, da diese für Schichtverbunde und die darin auftretenden Spannungsgradienten nicht geeignet sind. Alle Auswertemethoden basieren auf den Gleichungen von Kirsch [45]. Die Gleichungen bilden den Spannungszustand um ein Loch in einer dünnen Platte mit unendlicher Ausdehnung, unter einer einachsigen Spannung σ ab. Mit Hilfe dieser Gleichungen und der linear elastischen Kontinuumsmechanik kann die in Radial- und Tangentialrichtung resultierende Dehnungsauslösung ε_r und ε_φ, die auftritt, wenn ein Durchgangsloch mit dem Radius R_0 in eine ebene Platte eingebracht wird, in Abhängigkeit vom Abstand vom Bohrlochmittelpunkt R bestimmt werden.

$$\varepsilon_r = -\frac{\sigma_x(1+\nu)}{2E}\left[\frac{1}{r^2} - \frac{3}{r^4}\cos 2\alpha + \frac{4}{r^2(1+\nu)}\cos 2\alpha\right] \tag{2.3}$$

$$\varepsilon_t = -\frac{\sigma_x(1+\nu)}{2E}\left[-\frac{1}{r^2} - \frac{3}{r^4}\cos 2\alpha + \frac{4}{r^2(1+\nu)}\cos 2\alpha\right] \tag{2.4}$$

Hierbei ist $r = R/R_0$ (vgl. Abb. 2.5).

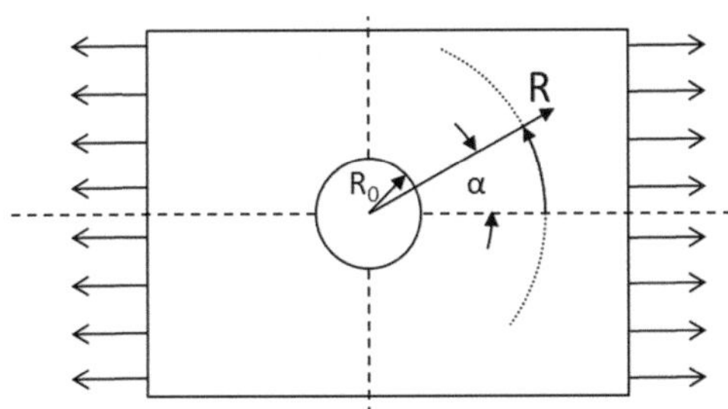

Abb. 2.5: Definition der Richtungsvariablen zur Gleichung von Kirsch [45]

Die beiden am häufigsten verwendeten Auswertemethoden zur Bestimmung von Eigenspannungstiefenprofilen sind die Differentialmethode nach Kockelmann [64], [65], [66] und die Integralmethode nach Schajer [67], [68]. Sie unterscheiden sich in den zu Grunde liegenden Annahmen.

Die Differentialmethode geht davon aus, dass nur Eigenspannungen des zuletzt gebohrten Tiefeninkrements zur Dehnungsauslösung an der Oberfläche beitragen (vgl. Abb. 2.6).

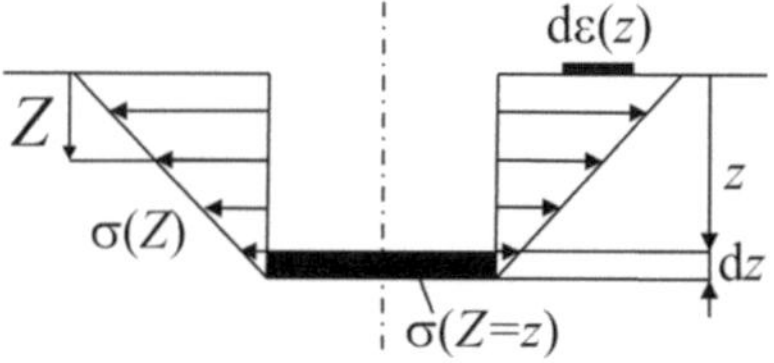

Abb. 2.6: Grundprinzip der Differentialmethode nach [63]

Dies führt zu folgenden Beziehungen zwischen den gemessenen Dehnungsauslösungen ε_1, ε_2 und ε_3 und den im Bauteil vorhanden Eigenspannungen $\sigma_{0°}$, $\sigma_{45°}$ und $\sigma_{90°}$ für homogene Werkstoffzustände [69]:

$$\sigma_{0^\circ} = \frac{E}{K_x^D(\xi)^2 - \nu^2 K_y^D(\xi)^2}\left[K_x^D(\xi)\frac{d\varepsilon_1(\xi)}{d\xi} + \nu K_y^D(\xi)\frac{d\varepsilon_3(\xi)}{d\xi}\right] \tag{2.5}$$

$$\sigma_{0^\circ} = \frac{E}{K_x^D(\xi)^2 - \nu^2 K_y^D(\xi)^2}\left[K_x^D(\xi)\frac{d\varepsilon_2(\xi)}{d\xi} + \nu K_y^D(\xi)\left(\frac{d\varepsilon_1(\xi)}{d\xi} + \frac{d\varepsilon_3(\xi)}{d\xi} - \frac{d\varepsilon_2(\xi)}{d\xi}\right)\right] \tag{2.6}$$

$$\sigma_{90^\circ} = \frac{E}{K_x^D(\xi)^2 - \nu^2 K_y^D(\xi)^2}\left[K_x^D(\xi)\frac{d\varepsilon_3(\xi)}{d\xi} + \nu K_y^D(\xi)\frac{d\varepsilon_1(\xi)}{d\xi}\right] \tag{2.7}$$

Hierbei ist ξ die auf den Bohrlochdurchmesser D_0 normierte Tiefe $\xi = z/D_0$ und $K_x^D(\xi)$ sowie $K_y^D(\xi)$ sind die zur Differentialmethode gehörenden Kalibrierfunktionen. Die Spannungen im lokalen (x,y)-Koordinatensystem der Bohrlochrosette sowie die Hauptspannungen lassen sich über den Mohr'schen Spannungskreis berechnen. Bei der Differentialmethode können die Kalibrierfunktionen entweder mittels FE-Methoden berechnet oder über Kalibrierversuche experimentell durch einen Bohrlochversuch an einer Probe unter bekannter Lastspannung σ_{LS} bestimmt werden [69]. Für die experimentelle Bestimmung hat sich vor allem die Verwendung von Spannungsdifferenzen nach Rendler und Vigness [70] bewährt, um so den Einfluss von im Bauteil vorhandenen Eigenspannungen eliminieren zu können. Für die Differentialmethode lassen sich die Kalibrierkurven dann folgendermaßen bestimmen [69]:

$$K_x^D(\xi) = \frac{\frac{d\varepsilon_x(\xi)}{d\xi}\sigma_{LS,x}(\xi) - \frac{d\varepsilon_y(\xi)}{d\xi}\sigma_{LS,y}(\xi)}{\frac{1}{E}\left[\sigma_{LS,x}^2(\xi) - \sigma_{LS,y}^2(\xi)\right]} \tag{2.8}$$

$$K_y^D(\xi) = \frac{\frac{d\varepsilon_x(\xi)}{d\xi}\sigma_{LS,y}(\xi) - \frac{d\varepsilon_y(\xi)}{d\xi}\sigma_{LS,x}(\xi)}{\frac{\nu}{E}\left[\sigma_{LS,x}^2(\xi) - \sigma_{LS,y}^2(\xi)\right]} \tag{2.9}$$

Für die Spannungsauswertung muss die Ableitung der Dehnungsauslösung berechnet werden. Da alle Messwerte statistische Streuungen enthalten, macht dies eine Datenkonditionierung notwendig, bei der im

Allgemeinen die Dehnungsauslösungen mittels ausgleichender kubischer Splines geglättet werden [69].

Schajer hat in [71] gezeigt, dass nicht nur die Eigenspannungen im zuletzt gebohrten Tiefeninkrement, sondern die Eigenspannungen in allen bereits gebohrten Tiefeninkrementen zur Dehnungsauslösung an der Oberfläche beitragen. Um dies zu berücksichtigen, wurde die Integralmethode entwickelt. Die Methode berücksichtigt den Einfluss der Eigenspannungen in allen bereits gebohrten Tiefeninkrementen auf die an der Bauteiloberfläche registrierten Dehnungsauslösungen des aktuell gebohrten Tiefenschritts.

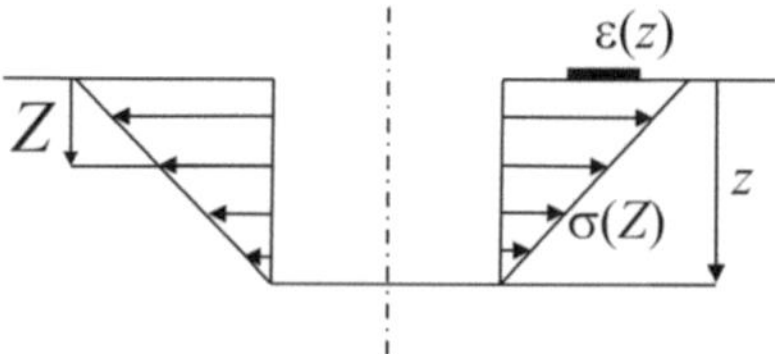

Abb. 2.7: Grundprinzip der Integralmethode nach [63]

Für linear-elastische Materialzustände kann die radiale Dehnung um ein Bohrloch herum in Abhängigkeit der Hauptspannungen σ_1 und σ_2 bzw. des biaxialen Anteils P und des Schubspannungsanteils Q des Spannungstensors angegeben werden.

$$\begin{aligned} \varepsilon_r &= 2\left(A\frac{\sigma_1+\sigma_2}{2}+B\frac{\sigma_1-\sigma_2}{2}\cos 2\alpha\right) \\ &= 2(A\,P+B\,Q\cos 2\alpha) \end{aligned} \tag{2.10}$$

A, B sind Kalibrierkonstanten. Wird zunächst nur der biaxiale Anteil betrachtet, führt dies zu folgender Grundgleichung der Integralmethode [62], [66]

$$p(z) = \frac{\varepsilon_1(z) + \varepsilon_2(z)}{2} = \frac{1+\nu}{E} \int_0^z A^I(Z,z)\, P(Z)\, dZ \quad \text{für} \quad 0 \leq Z \leq z \tag{2.11}$$

mit der Dehnungsauslösung pro Tiefeneinheit $A^I(Z,z)$ verursacht durch Spannungen σ in der Tiefe Z (vgl. Abb. 2.7). *p(x)* ist der biaxiale Anteil des Dehnungstensors. In der Praxis wird das Loch in diskreten Inkrementen gebohrt und Gleichung (2.11) in diskreter Form verwendet.

$$\sum_{j=1}^{j=i} \bar{a}_{ij}\, P_j = \frac{E}{1+\nu}\, p_i \qquad 1 \leq j \leq i \leq n \tag{2.12}$$

mit p_i den nach dem *i*ten Bohrinkrement gemessenen Dehnungsauslösungen, P_j der äquivalenten Spannung im *j*ten Tiefeninkrement, den Kalibrierkonstanten $\bar{a}_{ij}$, die der Dehnungsauslösung eines Lochs der Inkrementtiefe *i* auf Grund einer Spannung im *j*ten Tiefeninkrement entspricht (vgl. Abb. 2.8) und der Gesamtanzahl an Bohrinkrementen *n*. Die Kalibrierkonstanten stellen demnach eine untere Dreiecksmatrix dar. Die Gleichungen können analog auch für den Schubspannungsanteil Q und den für diesen Anteil berechneten Kalibrierkonstanten $\bar{b}_{ij}$ aufgestellt werden.

Die Kalibrierkonstanten $\bar{a}_{ij}$ und $\bar{b}_{ij}$ können ausschließlich über FE-Simulation bestimmt werden, eine experimentelle Bestimmung ist nicht möglich.

Abb. 2.8: Kalibrierkoeffizienten $\overline{a}_{ij}$ für die Integralmethode nach Schajer [46], [67], [68]

2.3.3 Anwendungsgrenzen der Bohrlochmethode

Um mit der inkrementellen Bohrlochmethode zuverlässige Aussagen über die sich im Bauteil befindenden Eigenspannungen treffen zu können, müssen einige Randbedingungen eingehalten werden. Zum Einen gibt es geometrische Randbedingungen, die sich auf die Proben- bzw. Bauteilformen beziehen und die Anwendung der Bohrlochmethode auf einfache Bauteilformen beschränken. Die geometrischen Randbedingungen wurden von [65], [69] zusammengefasst (vgl.). Sobolevski hat in [72] gezeigt, dass die Randbedingungen teilweise entschärft werden können, wenn nur eine Randbedingung aus [69] nicht eingehalten wid ().

Zum Anderen gelten sowohl die Integral- als auch die Differentialmethode in ihrer Standardformulierung, wie sie in kommerziell erhältlichen Auswerteprogrammen implementiert sind, ausschließlich für isotrope, homogene Werkstoffzustände. Das heißt die Methoden gelten für Werkstoffe mit über dem Probenvolumen konstanten mechanischen Eigenschaften.

Tabelle 2.1: Geometrische Randbedingungen (RB) der Bohrlochmethode [69]

Randbedingung (RB)	Nach [69]	nach [72] (bei Missachtung einer einzelnen RB)
Mindestbauteilbreite	10 – 20 x D_0	
Mindestbauteildicke	3 x D_0	1.66 x D_0
Mindestabstand von der Bauteilberandung	5 – 10 x D_0	1,94 x D_0
Mindestabstand benachbarter Messstellen	5 x D_0	
Min. Oberflächenkrümmung	3 x D_0	>3.33 x D_0

Kombiniert man die Forderung nach einem homogenen Materialzustand mit den geometrischen Randbedingungen, so bedeutet dies, dass in den in angegebenen Bereichen die mechanischen Eigenschaften konstant sein sollten. Die Dehnungsauslösungen gemessen an Schichtverbunden können auf Grund der über den Probenquerschnitt inhomogenen elastischen Eigenschaften nicht direkt über diese Methoden ausgewertet werden. Häufig treten in Schichten auch abscheidungsbedingt Texturen auf. Von [69] wurde hier festgestellt, dass die Auswertemethoden für isotrope Materialien mit hinreichender Genauigkeit angewendet werden können, wenn die texturbedingte E-Moduldifferenz in der Ebene parallel zur Probenoberfläche geringer als 20% ist.

Alle Auswertemethoden für die inkrementelle Bohrlochmethode gehen von linear-elastischem Materialverhalten aus. Durch die Kerbwirkung der eingebrachten Bohrung kommt es zu Spannungsüberhöhungen am Bohrlochgrund. Dies kann bei Eigenspannungen größer als etwa 60% der Streckgrenze zur Plastizierung des Materials am Bohrlochgrund führen. Diese Plastizierungseffekte führen bei der Auswertung der gemessenen

Dehnungsauslösung in den meisten Fällen zu einer Überschätzung der tatsächlichen Eigenspannungen [73], [74], [75].

Die wichtigsten auftretenden Fehlerquellen bei der Eigenspannungsermittlung mit der inkrementellen Bohrlochmethode wurden zum Beispiel in [46], [76] genannt:

- Messfehler bei der Dehnungsmessung
- Messfehler bei der Tiefenzustellung
- Messfehler bei der Bestimmung des Bohrlochdurchmessers
- Fehler bei der Bestimmung der elastischen Konstanten
- Fehler bei der Positionierung des Bohrlochs im DMS-Rosettenmittelpunkt

Eine allgemein akzeptierte Form der Fehlerrechnung hat sich bei der Bohrlochmethode noch nicht durchgesetzt. Eine Möglichkeit zur Fehlerrechnung wurde für die Integralmethode in [76] beschrieben, jedoch wird hier nur die Ungenauigkeit bei der Dehnungsmessung berücksichtigt, die für die jeweilige Messung vom Bediener abgeschätzt werden muss. Diese Abschätzungen berücksichtigen nur einen Teil der möglichen Fehlereinflüsse und sind recht willkürlich. In [77] wurde eine Bohrstrategie vorgeschlagen, bei der pro Tiefeninkrement ein Loch auf drei unterschiedliche Durchmesser aufgebohrt wird und für jeden Durchmesser eine Messung der Dehnungsauslösung vorgenommen wird. Hierdurch kann der Eigenspannungszustand durch die drei voneinander unabhängigen Dehnungsmessungen bestimmt werden und so ein Fehler berechnet werden. Diese Bohrstrategie ist sowohl von der experimentellen Durchführung als auch von der Auswertung mit einem sehr hohen Aufwand verbunden, so dass die Vorgehensweise nur sehr bedingt praxistauglich ist. DMS-Rosetten sind zusätzlich lediglich für Bohrlöcher in einem sehr eingeschränkten Bereich ausgelegt, der bei mehreren unterschiedlichen Bohrlochdurchmessern nicht eingehalten werden kann. Aus diesem Grund wurde die Methode in dieser Arbeit nicht angewendet.

2.4 Anwendung der Bohrlochmethode zur Eigenspannungsermittlung an Schichtverbunden

Für die Anwendung der inkrementellen Bohrlochmethode an Schichtverbunden gibt es bisher keine zuverlässigen quantitativen Auswerteverfahren. Trotzdem wurde die Methode schon mehrfach zur Eigenspannungsanalyse vor allem an thermisch gespritzten Schichtsystemen mit Schichtdicken ab 100 µm eingesetzt.

Dini et al. [78] verwendeten 1976 die inkrementelle Bohrlochmethode und den Auswertealgorithmus von Rendler und Vigness [70] zur Bestimmung von Eigenspannungstiefenverläufen an einer elektroplattierten Nickel-Cobalt-Schicht auf einem Aluminium-Substrat. Die Nickel-Cobalt-Schicht wies an den untersuchten Stellen eine Schichtdicke von 7,6 mm bzw. 3,8 mm auf, so dass bei dem verwendeten Bohrlochdurchmesser von 1,57 mm das Substrat keinen Einfluss auf die Dehnungsauslösung in der Schicht haben sollte. Die geometrische Randbedingung für eine Mindestbauteildicke von 3 x D_0 (vgl.) wurde für diese Untersuchung erfüllt, so dass die Methode erfolgreich qualitativ und quantitativ angewendet werden konnte.

Schajer [71] zeigte 1981 exemplarisch an einem theoretischem Beispielschichtsystem mit einer Schichtdicke von 0,39 mm und einem E-Modulverhältnis von 2,8 durch FE-Simulation, dass bei Schichtsystemen mit geringen Schichtdicken die Dehnungsauslösungen vom Substrat durch die Schicht beeinflusst werden. Das Ziel der Arbeit war jedoch nicht die systematische Untersuchung der Anwendbarkeit der inkrementellen Bohrlochmethode an Schichtverbunden. Viel mehr diente das Beispiel dazu, die Unzulänglichkeiten der bis dahin existierenden Auswerteverfahren zu zeigen.

In verschiedenen Arbeiten [79], [80], [81], [82] wurde die Bohrlochmethode dazu verwendet, die Eigenspannungszustände in thermisch gespritzten Schichten zu bestimmen. Dabei wurden ausschließlich die Eigenspannungen in der Schicht untersucht und das Bohrloch nur bis zum Erreichen des Interfaces eingebracht. Die Eigenspannungen im Substrat wurden nicht betrachtet. Lille et al. [79] bestimmten den integralen Mittelwert der Eigenspannungen über die Schicht an 200 µm dicken thermisch gespritzten Ni95Al5- und an galvanischen Chrom-Schichten, ohne jedoch den Einfluss des Substrats auf die gemessene Dehnungsauslösung zu betrachten. Santana et al. [80], [82] wendeten die inkrementelle Bohrlochmethode zur Eigenspannungsbestimmung in 250 µm und 350 µm dicken WC-12Co Schichten [82] und in 300 µm bzw. 500 µm dicken NiCrBSiFe-Schichten [80] auf einem Stahl(C45)-Substrat an. Die Schichtsysteme wiesen ein E-Modulverhältnis von 1,27 (WC-Co-Schichten) und 0,8 (NiCrBSiFe-Schichten) auf. Die Auswertung der Dehnungsauslösung erfolgte über die Integralmethode. Hierfür wurden die Kalibrierkonstanten fallspezifisch für die untersuchten Schichten unter Berücksichtigung der elastischen Konstanten von Schicht und Substrat berechnet. Zusätzlich wurde die Endkontur des Bohrlochs mittels Rasterelektronenmikroskopie (REM) bestimmt und in der Berechnung der Kalibrierkonstanten berücksichtigt. Das Eigenspannungstiefenprofil wurde allerdings ausschließlich über die Schichtdicke bestimmt. Aussagen über den Eigenspannungszustand am Interface und im Substrat wurden nicht getroffen. Mit der Bohrlochmethode wurden in den WC-12Co Schichten Zugeigenspannungen bestimmt. Komplementär durchgeführte röntgenographische Eigenspannungsanalysen ermittelten Druckeigenspannungen an der Schichtoberfläche. Die Abweichungen wurden mit dem Polieren der Schichtoberfläche erklärt.

Auch Valente et al. [81] bestimmten den Eigenspannungszustand ausschließlich in der Schicht. Es wurden 320 µm dicke Aluminiumoxid-Schichten auf einem Stahl Substrat mit einer 180 µm dicken Ni20Al – Zwischenschicht untersucht. Der genaue Schichtaufbau wurde zur Bestimmung der Kalibrierkonstanten herangezogen. Die Endkontur des Bohrlochs wurde hier nicht berücksichtigt. Die Spannungen wurden nur in der Al_2O_3-Schicht, nicht jedoch in der Zwischenschicht bestimmt. Ein Abgleich mit komplementären Messungen wurde nicht vorgenommen.

Von Han et al. [83] wurden Eigenspannungstiefenverläufe in thermisch gespritzten 80 µm und 200 µm dicken Hydroxyapatit – Schichten auf Ti6Al4V- Substraten mit einem E-Modulverhältnis von Schicht zu Substrat E-Modul von 0,68 bestimmt. Die Eigenspannungen wurden sowohl in der Schicht als auch im Substrat ermittelt. Genaue Angaben über die Auswertung der Dehnungsauslösungen und die Berücksichtigung der unterschiedlichen elastischen Konstanten wurden nicht gemacht, so dass sich die Frage stellt inwieweit der Schichtaufbau bei der Auswertung berücksichtigt wurde.

Haase [84] untersuchte die Eigenspannungen in unterschiedlichen Schichtverbunden. Er merkte an, dass auf Grund der in Schichtverbunden auftretenden hohen Spannungsgradienten die Integralmethode zur Auswertung geeigneter sein könnte. Die Anwendbarkeit der Integralmethode auf Schichtverbunde und notwendige Korrekturen zur Methode wurden von ihm aber nicht gezeigt.

Erste systematische FE-Untersuchungen zur Anwendung der Bohrlochmethode am kompletten Schichtsystem, das heißt in Schicht und Substrat, wurden von Schwarz [69] durchgeführt und werden im Folgenden kurz zusammengefasst. Schwarz untersuchte simulativ den Einfluss von unterschiedlichen E-Modulverhältnissen $\chi = E_{Schicht}/E_{Substrat}$ auf die Dehnungsauslösung und stellte dabei fest, dass bei einem über Schicht und Substrat homogenen Spannungszustand bei $\chi > 1$ die Dehnungsauslösung geringer und bei $\chi < 1$ größer im Vergleich zum homogenen Zustand sind. Dieser Unterschied steigt mit zunehmender Schichtdicke an. Bei dem verwendeten Simulationsmodell ging Schwarz von einer idealen Haftung der Schicht auf dem Substrat aus. Die Kraft wurde bei der Simulation auf die Innenseite des Bohrlochs aufgebracht. Schwarz schlägt im Falle von Schichtverbunden eine auf der Differentialmethode aufbauende korrigierte Auswertemethodik vor. Die gemessenen Dehnungsauslösungen werden dabei mit der Standard-Differentialmethode für homogene Werkstoffzustände unter Verwendung von $E_{Substrat}$ ausgewertet. Die daraus resultierenden Spannungsergebnisse σ_{DM} werden anschließend mit einem Faktor M korrigiert.

$$\sigma_{Schichtverbund}(\xi) = M \cdot \sigma_{DM}(\xi) \;\; mit \;\; M = f(\xi, \chi, \frac{t_c}{D_0}) \qquad (2.13)$$

Dieser Faktor M ist abhängig vom E-Modul-Verhältnis χ, der normierten Schichtdicke $t_{c,n} = t_c/D_0$ und der normierten Bohrtiefe ξ und berechnet sich aus dem Verhältnis der Ableitung der Dehnungsauslösung des unbeschichteten Materials mit dem E-Modul $E_{Substrat}$ und der Ableitung der Dehnungsauslösung des Schichtverbundes.

$$M(\xi) = \frac{\varepsilon'_{unbeschichtet}(\xi)}{\varepsilon'_{Schichtverbund}(\xi)} \qquad (2.14)$$

Werte für M sind für eine begrenzte Anzahl an Schichtsystemen angegeben. Angewendet wurde die Methodik an zwei exemplarischen Schichtsystemen, einer thermisch gespritzten Aluminium- und einer Al_2O_3-Schicht auf einem Stahl (St37)- Substrat. Die Ergebnisse zeigen an der Oberfläche und weit von der Grenzschicht entfernt eine gute Übereinstimmung mit komplementären röntgenographischen Messungen bzw. theoretisch berechneten Eigenspannungsverläufen. Der an der Grenzschicht auftretende Sprung des Eigenspannungszustands wird als flacher Eigenspannungsgradient abgebildet, der sich über den kompletten untersuchten Bereich erstreckt, wie das Beispiel in Abb. 2.9 zeigt.

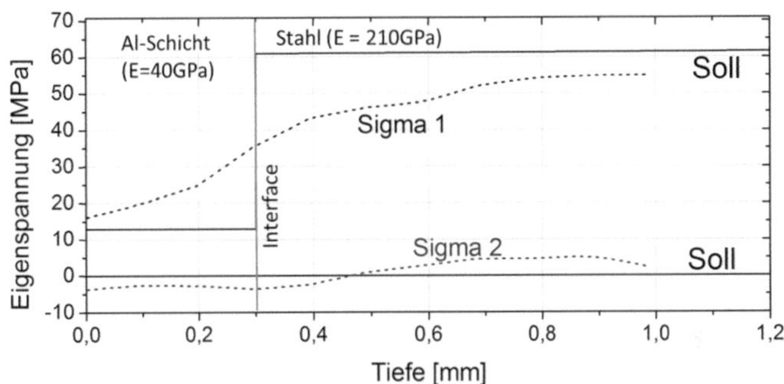

Abb. 2.9: Anwendung der Korrektur von Schwarz [69] an einer thermisch gespritzten Aluminium-Schicht mit einer Schichtdicke t_c von 0,3 mm auf einem Stahl St37 Substrat (nach [69])

Der eigentliche Eigenspannungstiefenverlauf in der Schicht und im Substrat wird somit durch die Methode nicht bzw. nur unzureichend wiedergegeben. Buchmann et al. [85] untersuchten die Eigenspannungen von thermisch gespritzten Al_2O_3-Schichten mit einer Schichtdicke von 300 µm und dem darunter liegenden $AlMg_3$-Substrat. Die E-Moduln von Schicht und Substrat sind mit 60 GPa und 70 GPa sehr ähnlich, so dass hinsichtlich der elastischen Eigenschaften der Schichtverbund als quasi-homogen betrachtet werden kann. Da die Kalibrierfunktionen vom Schichtsystem und vom homogenen Substrat nur geringfügige Unterschiede aufwiesen, wurden die gemessenen Dehnungsauslösungen mit der Differentialmethode für homogene Materialzustände ausgewertet. Vergleiche mit komplementären Messungen wurden nicht durchgeführt.

Wenzelberger et al. [21] untersuchten die Eigenspannungen verschiedener Korrosionsschutzschichten und dem darunterliegenden Substrat. Es wurde angemerkt, dass die unterschiedlichen elastischen Eigenschaften von Schicht und Substrat einen Einfluss auf die Spannungsauswertung haben. Dieser wurde nicht genauer spezifiziert. Die Auswertung der Dehnungsauslösung erfolgte jedoch ebenfalls auf Basis der Differentialmethode mit Kalibrierkonstanten für homogene Materialzustände.

Fallspezifische Kalibrierkurven zur Auswertung von Dehnungsauslösungen mit der Differentialmethode verwendeten Gadow et al. [18] für die Bestimmung von Eigenspannungstiefenverläufen an APS (Atmosphärisches Plasma Spritzen)-gespritzten FeCr17- Schichten auf einem Aluminiumsubstrat. Auch in diesem Beispiel zeigen die elastischen Konstanten von Schicht und Substrat nur geringe Unterschiede. Trotzdem wird gezeigt, dass die für die Auswertung notwendigen Kalibrierkurven stark von den elastischen Konstanten der Schicht abhängen.

Montay et al. [86] untersuchten den Einfluss von unterschiedlichen Substraten auf die Eigenspannungsausbildung in ZrO_2-Y_2O_3 8wt.% - Schichten und den darunterliegenden Substraten. Zur Auswertung verwendeten sie die Integralmethode und mittels FE-Simulation fallspezifisch berechnete Kalibrierkurven. Sie zeigten ebenfalls, dass es in diesem speziellen Fall zu einem Unterschied in den Spannungsergebnissen von bis 50% kommt, wenn anstelle der fallspezifischen Kalibrierkonstanten die Kalibrierkonstanten unter Annahme eines homogenen Werkstoffzustandes mit dem E-Modul der Schicht verwendet werden. Als Hauptprobleme für die

Anwendung der inkrementellen Bohrlochmethode an Schichtverbunden wird zum Einen der hohe Aufwand zur Berechnung der fallspezifischen Kalibrierkonstanten erkannt. Zum Anderen merkten sie an, dass es teilweise in den Schichten zu Rissinitiierung durch den Bohrprozess und den hohen Eigenspannungen am Interface kommen kann.

Von Gadow et al. [18] wurde eine veränderte Bohrtechnik zur Eigenspannungsbestimmung an Schichtverbunden bestehend aus einer APS-gespritzten FeCr17-Schicht auf AlSi9-Substraten angewendet. Das Loch wird dabei nicht mehr durch ein reines Hochgeschwindigkeitsbohren in die Probe eingebracht. Stattdessen wird eine kombinierte Bohr- und Schleiftechnik, Orbitalbohren genannt, verwendet. Dabei wird der Drehung des Bohrers noch eine orbitale Bewegung überlagert (siehe Abb. 2.10). Hierdurch soll die Rissbildung und das Einbringen von Eigenspannungen vermieden werden. Als Bohrer werden sowohl TiN-beschichtete Stirnfräser mit dem Durchmesser von 0,8 mm als auch Diamant beschichtete Bohrer vom gleichen Durchmesser eingesetzt. Für homogene Werkstoffzustände wurde das Orbitalbohren bereits von [84] vorgeschlagen, da durch das Orbitalbohren im Gegensatz zum konventionellen Hochgeschwindigkeitsbohren hohe Schnittgeschwindigkeiten auch in der Mitte des Bohrlochs erreicht werden.

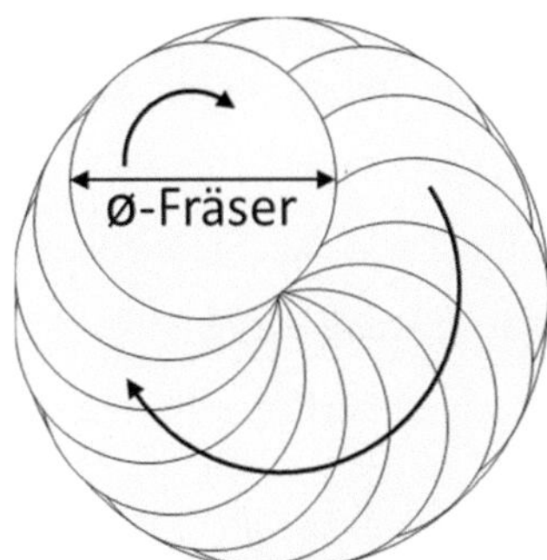

Abb. 2.10: Prinzip des Orbitalbohrens – Draufsicht

Zusammenfassend kann zur bisherigen Anwendung der inkrementellen Bohrlochmethode an Schichtverbunden gesagt werden, dass die Methode das Potential aufweist, Eigenspannungstiefenverläufe an Schichtsystemen zu ermitteln. Mit Ausnahme der Arbeit von Schwarz wurden die Einflüsse der Schichteigenschaften auf die Dehnungsauslösung jedoch kaum systematisch untersucht. Auch Schwarz untersuchte nur einen sehr eingeschränkten Parameterbereich. Stattdessen wurden die standardmäßig verfügbaren Auswertemethoden, wie die Differential- und Integralmethode, oftmals ohne Berücksichtigung des Schichtverbundes angewendet. Dass die Eigenschaften des Schichtverbundes berücksichtigt werden müssen, zeigt die Arbeit von Montay [86]. Eine zuverlässige Methodik zur Auswertung der gemessenen Dehnungsauslösungen und somit zur Ermittlung der Eigenspannungen besteht nach Kenntnis der hier vorgestellten Literatur nicht, da auch die von Schwarz vorgestellte Methodik vor allem zur der Abbildung von Spannungsgradienten nicht geeignet ist.

2.5 Elastische Eigenschaften von thermisch gespritzten Schichten

Ein grundlegendes Problem bei der Anwendung der inkrementellen Bohrlochmethode an Schichtverbunden, insbesondere an thermisch gespritzten Schichten, ist die Bestimmung der elastischen Eigenschaften. Diese unterscheiden sich in den meisten Fällen stark von den elastischen Eigenschaften der Vollmaterialien. Beim thermischen Spritzen entsteht nach der Abscheidung meistens eine lamellare Mikrostruktur mit vielen Defekten wie Poren und Mikrorissen. Die Porosität der Schichten hängt vom Schichtmaterial, der Prozesstechnik und den gewählten Prozessparametern ab. Beim atmosphärischen Plasmaspritzen werden Porositätswerte in den meisten Fällen zwischen 3% und 7% erreicht, häufig jedoch auch höher [14]. Dadurch sinkt der E-Modul der Schichten im Gegensatz zum E-Modul von Voll(„bulk")-Materialien mitunter stark. Bei thermisch gespritzten Metallen liegt dieser häufig bei etwa 40-80% des gleichen Vollmaterials, bei Keramiken oft nur bei 20-40% [14]. Die Bestimmung der genauen elastischen Konstanten der Schicht ist oftmals nicht oder nur als grobe Abschätzung möglich. Die Messung des E-Moduls über einen Zugversuch ist nicht möglich, da die hier geforderten Probenabmaße nicht herstellbar sind [87]. Auch die Herstellung von ausreichend dicken, > 1 mm, freistehenden Schichten zur Bestimmung von der elastischen Konstanten mittels Ultraschallphasenspektroskopie, wie es in [88], [89] durchgeführt wurde, ist nur bedingt möglich. Eine weitere verwendete Methode zur Bestimmung des E-Moduls ist der 4-Punkt-Biegeversuch [86], [90]. Dabei wird mit zunehmender Biegebelastung die Differenz der Dehnungen zwischen Schicht- und Substratseite gemessen. Aus dieser Differenz wird die Verschiebung der Nulllinie vom Mittelunkt der Probe berechnet und daraus der makroskopische E-Modul bestimmt. Um zuverlässige Ergebnisse zu erhalten, müssen der E-Modul des Substrats und die genaue Schichtdicke bekannt sein, außerdem wird von einer idealen Haftung der Schicht auf dem Substrat ausgegangen. Dies ist nicht unbedingt in allen Schichtsystemen der Fall, da zum Beispiel bei thermisch gespritzten Schichten in den Rautiefen des Interfaces Poren auftreten, die die Haftung der Schichten beeinflussen können. Eine alternative Methode zur Abschätzung der elastischen Eigenschaften bietet die instrumentierte Härtemessung oder die Nanoindentierung, bei der unter Anwendung der ISO EN 14577 [91] der sogenannte Eindringmodul E_{IT} bestimmt wird. Hierdurch bekommt man allerdings nur eine grobe Schätzung des E-Moduls, da vor allem bei Auftreten von Aufwölbung und Einsinken beim Eindruck deutliche Unterschiede zwischen dem E-Modul der Probe und dem Eindringmodul E_{IT} auftreten. Auch die poröse Struktur der Schichten führt zu einer großen Streuung der Messwerte [92], da bei der Eindringprüfung über zu kleine Werkstoffbereiche gemittelt wird. Ist die Porosität der Schichten bekannt, kann der E-Modul über eine Mischungsregel und den E-Modul des Vollmaterials abgeschätzt werden [88], allerdings muss hierfür zusätzlich die Morphologie der Poren bekannt sein. Bei diesen Methoden bleibt außerdem die Anisotropie komplett unberücksichtigt.

Die elastischen Konstanten sind außerdem stark von den Abscheideparametern abhängig, da diese die Mikrostruktur der Schichten beeinflussen. Zudem ändert diese sich schon bei geringer Variation der Parameter, so dass die elastischen Konstanten nur mit einer geringen Genauigkeit angegeben können.

2.6 Zusammenfassende Bemerkungen

Zur Bewertung von Schichteigenschaften, wie der Haftung und des Lebensdauerverhalten, ist es notwendig, den Eigenspannungszustand nicht nur in der Schicht, sondern auch im Bereich des Interfaces und im darunter liegenden Substrat zu kennen. Röntgenographisch ist die Bestimmung von Eigenspannungstiefenverläufen an Schichtverbunden bei Verwendung nicht bzw. nur unter einem sehr hohen experimentellen Aufwand oder im Bereich der Großgeräteforschung möglich. Somit sind diese Methoden nur bedingt praxistauglich, wenn Eigenspannungsanalysen einerseits an realen Bauteilen und auch zur kontinuierlichen Prozesskontrolle eingesetzt werden sollen. Verschiedene Autoren haben aufgezeigt, dass die inkrementelle Bohrlochmethode ein großes Potential zur Ermittlung der benötigten Eigenspannungstiefenverläufe an Dickschichtsystemen mit Schichtdicken zwischen 50 und 1000 µm bietet. Allerdings besteht nach Sichtung der Literatur auch bei der inkrementellen Bohrlochmethoden noch Entwicklungsbedarf für eine zuverlässige Anwendung an Dickschichtsystemen.

Die mechanischen Eigenschaften und der Aufbau der Schichtverbunde haben einen Einfluss auf die Dehnungsauslösung, die beim Einbringen eines Sackloches gemessen wird. Bei der Berechnung der Eigenspannungen aus den gemessen Dehnungsauslösungen wurden von vielen Autoren jedoch der schichtweise Aufbau der Proben nicht berücksichtigt und zur Auswertung die Standardmethoden, wie die Differential- und die Integralmethode mit Kalibrierfunktionen für homogene Materialzustände, verwendet. Hierbei stellt sich die Frage, wo die Anwendungsgrenzen dieser bestehenden Auswertemethoden hinsichtlich ihrer Anwendung an Schichtverbunden liegen und bei welchen Schichtverbunden im Gegensatz dazu die Schichteigenschaften und der Aufbau bei der Auswertung berücksichtigt werden müssen.

Von Schwarz [69] wurde der Einfluss des E-Moduls und der Schichtdicke auf die Dehnungsauslösung untersucht. Diese Schichteigenschaften haben sicherlich den größten Einfluss. Es sollte allerdings zusätzlich untersucht werden ob auch weitere Schichtparameter bei der Auswertung berücksichtigt werden müssen. Zu diesen Schichtparametern gehört bei den mechanischen Eigenschaften die Querkontraktionszahl ν. Im Bereich des Schichtaufbaus stellt sich die Frage in wie weit mögliche dünne Zwischenschichten und die genaue lokale Struktur des Interfaces, das heißt dessen Rauheit, bei der Auswertung eine Rolle spielen.

Für alle Schichtsysteme, die außerhalb der Anwendungsgrenzen der Standardmethoden für homogene Materialzustände liegen, muss eine Auswertemethodik entwickelt werden, die die Eigenschaften des Schichtverbundes berücksichtigt. Fallspezifische Kalibrierkurven können eine Möglichkeit zur Auswertung der Dehnungsauslösungen sein. Die zuverlässige Anwendbarkeit der fallspezifischen Kalibrierkurven sollte allerdings in Kombination mit dem Differential- und der Integralansatz noch gezeigt werden. Da die fallspezifische Kalibrierung mit einem hohen experimentellen oder simulativen Aufwand verbunden ist, sollten auch geprüft werden, ob noch alternative Ansätze zur Berücksichtigung des Schichtaufbaus bei der Auswertung entwickelt werden können, ohne dass hierfür fallspezifisch für jede Messung FE-Simulationen durchgeführt werden müssen.

Bei Schichtverbunden stellt sich die Bestimmung der elastischen Eigenschaften, dem E-Modul E, und des Schichtaufbaus, insbesondere der Schichtdicke t_c als problematisch heraus. In vielen Fällen kann vor allem der E-Modul nur grob abgeschätzt werden. Aus diesem Grund stellt sich die Frage, wie sich eine ungenaue Kenntnis dieser Eigenschaften auf die Eigenspannungsermittlung mit der Bohrlochmethode auswirkt.

Die verschiedenen Autoren nutzten entweder den Differential- oder den Integralansatz zur Auswertung der Dehnungsauslösungen, die sie an Schichtsystemen gemessen haben. Die Unterschiede und vor allem die Vor- und Nachteile der beiden grundsätzlichen Auswerteansätze sollten hinsichtlich ihrer Anwendbarkeit an Schichtsystemen geprüft werden.

Diese sich aus dem Stand der Technik ergebenen Fragestellungen, sollen im Folgenden im Rahmen dieser Arbeit systematisch vor allem mit Finite Element Simulation, aber auch anhand eines experimentellen Beispiels untersucht werden.

3 Experimentelle Untersuchungen

In dieser Arbeit wurden experimentelle Bohrlochversuche an einem Modellschichtsystem durchgeführt. Dieses soll im folgenden Kapitel vorgestellt und die experimentellen Methoden zur Charakterisierung beschrieben werden. Im Anschluss daran werden die experimentellen Ergebnisse vorgestellt.

3.1 Probenmaterial

Das in dieser Arbeit verwendete Modellschichtsystem besteht aus einer thermisch gespritzten reinen Aluminiumschicht auf einem Stahl (S690QL)-Substrat. Das Schichtsystem wurde zum Einen auf Grund des großen Unterschiedes der E-Moduln von Aluminium und Stahl ausgewählt. Zum Anderen wurde es gewählt, da elektrochemisches Abtragen grundsätzlich bei beiden Materialien möglich ist, so dass komplementär zu den Bohrlochmessungen auch röntgenographisch Eigenspannungstiefenprofile bestimmt werden können.

Aus dem Substratmaterial S690QL wurden Platten mit den Abmaßen 40 mm x 160 mm x 6 mm gefertigt. Die Oberfläche der Proben wurde geschliffen. Anschließend wurden die Proben 1h bei 600°C spannungsarm geglüht, um die entstandenen Schleifeigenspannungen zu eliminieren. Für den E-Modul wurden 210 GPa und für die Poisson-Zahl $\nu = 0,3$ angenommen. Direkt vor der Beschichtung wurde die Oberfläche der Proben durch Sandstrahlen unter Verwendung von Normalkorund mit einer Körnung von 0,8-1,2 mm und einem Strahldruck von 10 bar aufgeraut.

Das Beschichten der Proben wurde industriell von der Firma ICV Industrie Coating Verfahrenstechnik GmbH durchgeführt. Die Aluminiumschicht wurde durch atmosphärisches Plasmaspritzen mit einem Brenner vom Typ F4 Sulzer Metco Unicoat aufgebracht. Als Ausgangspulver wurde das Pulver Metco 54 NS der Firma Sulzer Metco verwendet. Das Pulver besteht aus mindestens 99% reinem Aluminium und besitzt eine nominelle Partikelgrößenverteilung von -90+45 µm [93]. Als Prozessgase kamen Argon und Wasserstoff zum Einsatz. Das Bauteil wurde über die Rückseite mit Druckluft gekühlt. Die nominelle Schichtdicke betrug 200 µm.

3.2 Bohrlochversuche

Die Bohrlochversuche wurde mit einem Bohrlochgerät vom Typ RS-200 Milling Guide der Firma Vishay Micro Measurements Group (siehe Abb. 3.1) durchgeführt. Das Loch wird dabei durch Hochgeschwindigkeitsbohren eingebracht. Die verwendete Druckluftturbine kann nach Herstellerangaben bis zu 300 000 Umdrehungen/min erreichen.

Die Löcher wurden mit Titannitrid (TiN) beschichteten Stirnfräsern mit einem nominellen Durchmesser von 1,6 mm eingebracht. Die Oberflächen- bzw. die Nullpunktbestimmung erfolgte durch schrittweises Herantasten visuell über die optische Einheit des Bohrlochgeräts. Die Bohrtiefe wurde manuell über eine Mikrometerschraube zugestellt. Die Tiefe der einzelnen Bohrinkremente wurde mit zunehmender Bohrlochtiefe von 10 µm auf 100 µm schrittweise erhöht. Bei einem nominellen Bohrlochdurchmesser von 1,6-1,9 mm betrug die Gesamttiefe des Bohrlochs etwa 1,2 mm.

Abb. 3.1: Bohrlochgerät vom Typ RS-200 Milling Guide der Firma Vishay Micro Measurements Group

Die Dehnungsmessung erfolgte bei allen Bohrlochmessungen über Dehnmessstreifen (DMS), die auf die Probenoberfläche appliziert wurden. Es wurden Rosetten vom Typ CEA-UM-XX-120 der Firma Vishay Micro-Measurements Group verwendet. Je nach Material, auf das die Rosette geklebt wurde, wurde eine Rosette mit einer entsprechenden Temperaturkompensationsnummer XX, 06 für Stahl oder 13 für Aluminium, verwendet. Welche DMS-Rosetten bei den einzelnen Proben eingesetzt wurden, ist in Tabelle 3.1 zusammengefasst.

Tabelle 3.1: Verwendete DMS-Rosetten

Rosettentyp	Einsatz
CEA-UM-06-120	Substrat S690QL
CEA-UM-13-120	Aluminium-Schicht

Für die Applikation der DMS-Rosetten auf der Substratoberfläche kam ein Einkomponenten-Sekundenkleber auf Cyanoacrylat-Basis vom Typ

CN der Firma Tokyo Sokk Kenkujo Co. Ltd. zum Einsatz. Auf Grund der hohen Oberflächenrauheit und der Porosität der Schichten konnte der CN-Kleber nicht an der thermisch gespritzten Aluminiumschicht verwendet werden. Stattdessen wurden die DMS-Rosetten auf die Schichtoberfläche mit dem Zweikomponenten-Epoxidharzkleber X60 der Firma Hottinger Baldwin Messtechnik GmbH aufgeklebt, da dieser eine höhere Viskosität aufweist und die Oberflächenrauheit besser ausgleichen kann.

Die einzelnen DMS wurden in einer Wheatstone'schen Brückenschaltung zu einer Halbbrücke mit einer zusätzlichen DMS zur Temperaturkompensation verschaltet. Die Halbbrücke wurde durch einen Messverstärker vom Typ Picas der Firma Peekel zur Vollbrücke ergänzt (siehe auch [94]). Die Dehnungsauslösungen wurden durch ein selbst entwickeltes LabView-Programm nach jedem Bohrschritt ausgelesen.

3.3 Röntgenographische Spannungsbestimmung

Komplementär zu den Bohrlochversuchen wurden röntgenographisch Eigenspannungstiefenverläufe mittels der $\sin^2\psi$ – Methode [28] in Kombination mit elektrochemischen Schichtabtrag ermittelt. Die Messungen erfolgten an einem Diffraktometer „Karlsruher Bauart" unter Verwendung von CrKα-Strahlung. Es wurden 15 ψ-Kippungen zwischen -60° und 60° durchgeführt.

Die Eigenspannungsanalysen wurden phasenspezifisch an der {211} α-Ferrit-Linie und an der {311} Aluminium-Linie durchgeführt. Dabei wurden die röntgenographischen Konstanten $\frac{1}{2}\,s_2 = 19{,}54\ 10^{-6}\ \mathrm{MPa}^{-1}$ und $s_1 = 5{,}81\ 10^{-6}\ \mathrm{MPa}^{-1}$ für Aluminium und $\frac{1}{2}s_2 = 19{,}54\ 10^{-6}\ \mathrm{MPa}^{-1}$ und $s_1 = 5{,}81\ 10^{-6}\ \mathrm{MPa}^{-1}$ für α-Ferrit verwendet. [29]

Zur Bestimmung von Eigenspannungstiefenverläufen wurden die Proben zwischen den einzelnen röntgenographischen Spannungsmessungen elektrochemisch mit dem Elektrolyt A2 der Firma Struers an einem Gerät vom Typ Lektropol-5 ebenfalls der Firma Struers abgetragen. Die abgetragene Tiefe wurde mechanisch mit einer Messuhr mit einer Auflösung von 1 µm bestimmt.

3.4 Methoden der Schichtcharakterisierung

3.4.1 Lichtmikroskopische Untersuchung

Zur Schichtdickenbestimmung sowie zur Bestimmung der Porosität der Schichten wurden Querschliffe angefertigt und lichtmikroskopisch untersucht. Hierfür wurden die Proben kalteingebettet und anschließend metallographisch geschliffen und poliert.

Für die Bestimmung der Porosität wurde teilweise zur Erhöhung des Kontrastes zwischen Schichtmaterial und Poren bei der lichtmikroskopischen Untersuchung ein Differentialinterferenzkontrast (DIC) verwendet. Die Porosität wurde mit der Auswertesoftware Analysis der Firma Olympus Soft Imaging Solutions GmbH bestimmt.

3.4.2 Rauheitsbestimmung

Die Bestimmung der Oberflächenrauheit erfolgte an einem Perthometer Concept Contur vom Typ PST-MSE der Firma Mahr GmbH. Dabei wurde ein Taster vom Typ PCV 350-M / 59 mm verwendet. Die Messstrecke betrug 40 mm.

Für die Abschätzung der Rauheit am Interface wurden lichtmikroskopische Aufnahmen der Schichtverbunde verwendet. Der Verlauf des Interface wurde über die Open Source Software Engauge Digitizer [95] digitalisiert. Aus dem digitalisierten Verlauf wurden anschließend in Anlehnung an DIN EN ISO 4287 [96] der arithmetrische Mittenrauwert R_a und die Rautiefe R_z bestimmt.

3.4.3 Instrumentierte Eindringhärteprüfung

Die Härte der Schichten sowie eine Abschätzung des E-Moduls der Schichten wurde mittels instrumentierter Eindringhärteprüfung nach DIN EN ISO 14577 [91] bestimmt. Für die Eindringprüfungen wurde ein Härtemessgerät vom Typ Fischerscope H100C der Firma Fischer verwendet. Sowohl die Bestimmung des Eindringmoduls E_{IT} als auch die Bestimmung der Martenshärte HM erfolgte mit einem Vickersindentor. Die Kraft wurde nach einem Wurzelgesetz mit $\frac{d\sqrt{F}}{dt} = konst.$ aufgebracht. Es wurden Eindrücke bei maximalen Kräften von 50, 200 und 500 mN durchgeführt. Alle Eindrücke wurden auf Querschliffe der Aluminiumschicht gemacht. Die Ergebnisse von jeweils 10 Eindrücken wurden gemittelt.

3.4.4 Texturbestimmung

Die kristallographische Textur der Aluminiumschicht wurde röntgenographisch untersucht. Hierfür wurden die Polfiguren der {220}, {222}, {400} und {331} Ebenen der Aluminiumphase mit Cobalt-Kα –Strahlung in einem Winkelbereich φ von -170° bis 170° und ψ von 0° bis 70° jeweils in 5° Schritten bestimmt. Aus den Polfiguren wurde dann mittels der Software TexTools [97] die Orientierungsdichtefunktion (ODF) berechnet.

3.5 Experimentelle Ergebnisse

3.5.1 Charakterisierung des Schichtverbundes

Der Stahl S690QL des Substrats zeigt im Schliffbild (Abb. 3.2) eine feinkörnige bainitische Mikrostruktur. Nach dem Sandstrahlprozess und vor dem Beschichtungsprozess wurde die Oberflächenrauheit des Substrats untersucht. Es wurde ein arithmetischer Mittenrauwert R_a von 7,9 µm und eine Rautiefe R_z von 95 µm bestimmt.

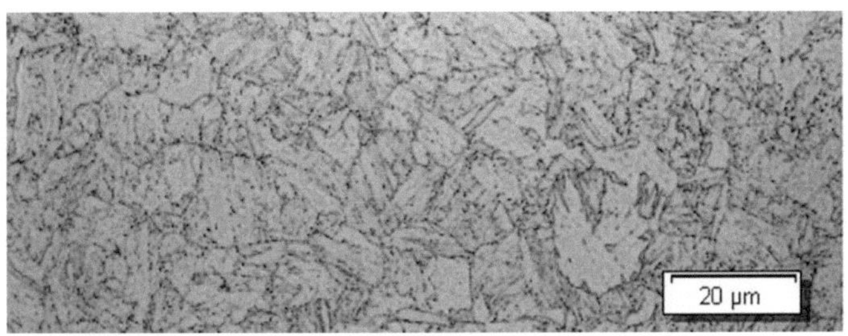

Abb. 3.2: Schliffbild des Substratwerkstoffes S690QL bei 1000facher Vergrößerung nach Ätzung mit Nital

Abb. 3.3 zeigt einen Querschliff des Aluminium-Stahl-Schichtverbundes. Deutlich zu erkennen ist die für Spritzschichten typische, überwiegend lamellare Mikrostruktur, die parallel zur Schichtebene ausgerichtet ist. Die tatsächliche Schichtdicke beträgt 230 µm. In die Schicht eingebaut sind geringe Anteile an kreisrunden Partikeln, die beim Spritzprozess nicht aufgeschmolzen wurden. Die Porosität ρ der Schicht ist mit 9% verhältnismäßig hoch. Dies kann zum Teil auch auf Artefakte zurückgeführt werden, die durch die Verwendung des DIC-Kontrastes auftreten. Die Oberfläche weist eine Rauheit mit einem R_z-Wert von 119 µm auf. Auch das Interface ist nicht ideal glatt. Es kann eher ein Interfacebereich mit einer Dicke von mindestens 40 µm, dies entspricht dem R_z- Wert des Interfaces, definiert werden. Direkt am Interface finden sich überdurchschnittlich viele Poren.

Die hohe Porosität der Schicht beeinflusst maßgeblich die elastischen Eigenschaften der Schicht. Mittels der instrumentierten Eindringprüfung wurde ein E-Modul von 62 ± 8 GPa abgeschätzt. Dies entspricht gegenüber dem Vollmaterial einer Verringerung des E-Moduls um ca. 10%.

Die Parameter des Schichtaufbaus wie Schichtdicke, Rauheit und Porosität sowie die mechanischen Eigenschaften der Schicht sind in Tabelle 3.2 zusammengefasst.

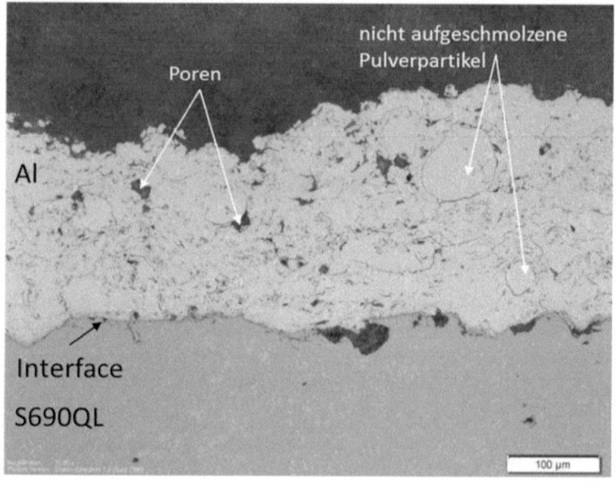

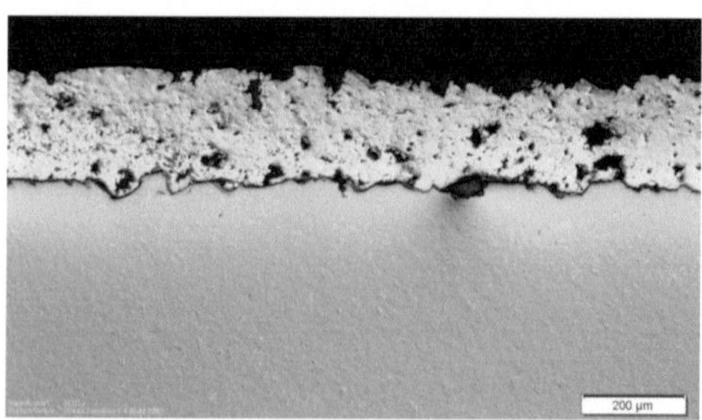

Abb. 3.3: Oben: Querschliff des Aluminium (230µm)-Stahl – Schichtverbunds (lichtmikroskopische Aufnahme ungeätzt); Unten: Querschliff unter Verwendung eines DIK-Kontrasts zur Bestimmung der Porosität

Tabelle 3.2: Zusammenfassung des Schichtaufbaus und der mechanischen Eigenschaften des Aluminium-Stahl- Schichtverbundes

Schichtaufbau			mechanische Eigenschaften	
Schichtdicke	t_c	230 µm	Eindringmodul E_{IT}	62 ± 8 MPa
Porosität	ρ	9 %		
Oberfläche	R_a	18 µm	Martenshärte	455 ± N/mm²
(Perthometer)	R_z	119 µm		
Interface	R_a	8 µm		
(Schliffbild)	R_z	41 µm		

Eine röntgenographisch durchgeführte Texturmessung an der Oberfläche der Aluminiumschicht zeigt, dass im Schichtverbund erwartungsgemäß keine kristallographische Textur vorhanden ist.

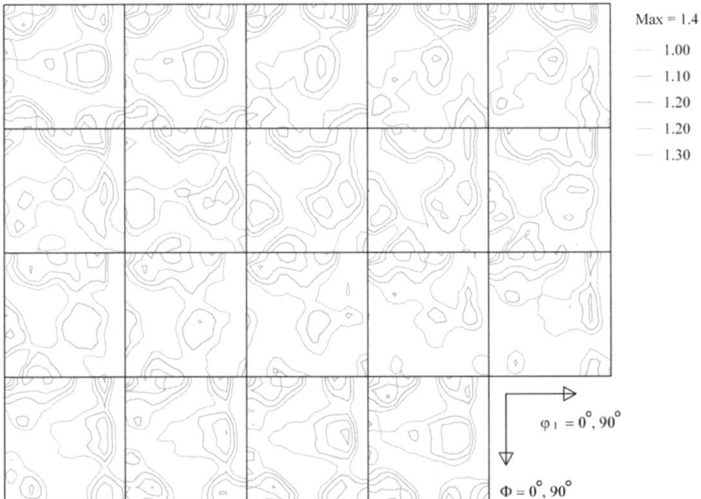

Abb. 3.4: Orientierungsdichtefunktion (ODF) der thermisch gespritzten Aluminiumschicht

In Abb. 3.4 ist die resultierende Orientierungsdichtefunktion abgebildet. Eventuelle anisotrope elastische Eigenschaften der Schicht würden demnach ausschließlich durch die lamellare Mikrostruktur der Schicht und durch die Porenmorphologie entstehen. Für die Bohrlochmessungen kann demnach von einem isotropen E-Modul innerhalb der Schichtebene ausgegangen werden.

3.5.2 Bestimmung der Schichteigenschaften

Vorrausetzung für die Anwendung der inkrementellen Bohrlochmethode an einem thermisch gespritzten Schichtsystem ist die ausreichend genaue Kenntnis der elastischen Eigenschaften der einzelnen Schichtmaterialien. Der E-Modul wird bei thermisch gespritzten Schichten gegenüber dem E-Modul des Vollmaterials maßgeblich durch die Porosität herabgesetzt. Abb. 3.5 zeigt die Ergebnisse der E-Modulabschätzung mit der instrumentierten Eindringprüfung für die untersuchte Aluminiumschicht. Zusätzlich zur instrumentierten Eindringhärteprüfung wurde der E-Modul der Schichten noch über die Porosität durch Potenzgesetze nach [89] abgeschätzt.

$$E = E_0(1-\rho)^n \tag{3.1}$$

mit dem E-Modul des Vollmaterials E_0, der Porosität ρ und einem konstanten Exponent n. Im zweiten Ansatz wird zusätzlich noch die kritische Porosität ρ_{krit} berücksichtigt.

$$E = E_0\left(1-\frac{\rho}{\rho_{krit}}\right)^m \tag{3.2}$$

Die konstanten P_{krit}, m, n hängen vor allem von der Porengeometrie ab und wurden für eine Abschätzung der E-Moduln über die Porosität aus [89] entnommen, auch wenn es sich nicht um das gleiche Schichtsystem handelt. Auf Grund des in der Literatur ebenfalls verwendeten thermischen Spritzprozesses wurde davon ausgegangen, dass die Aluminiumschicht eine ähnliche Porenmorphologie aufweist.

Bei der Aluminiumschicht liegen die einzelnen Abschätzungen relativ dicht beieinander (siehe Abb. 3.5). Auf Grund der verhältnismäßig hohen Porosität der Schicht wird der E-Modul durch das Potenzgesetz deutlich niedriger eingeschätzt als durch die registrierende Eindringprüfung. Bei Abschätzung des E-Moduls über die Potenzgesetze weicht der E-Modul der Schicht um 30% vom E-Modul des Vollmaterials ab. Der mit der registrierenden Eindringprüfung abgeschätzte E-Modul ist nur um 10% geringer als der des Vollmaterials.

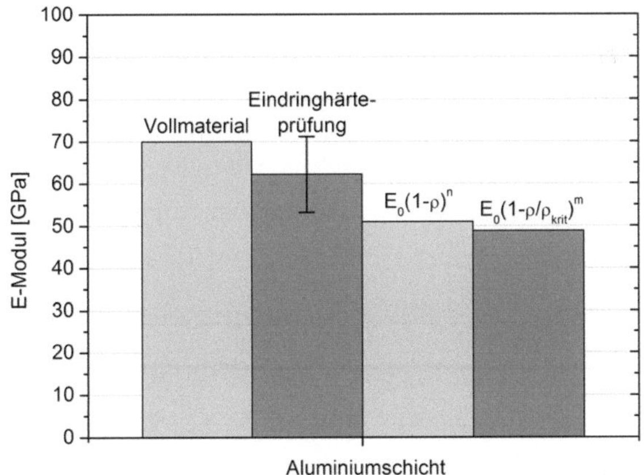

Abb. 3.5: Vergleich der durch die verschiedenen Methoden ermittelten E-Moduln der thermisch-gespritzten Aluminiumschicht

Die registrierende Eindringhärteprüfung, sowie die beiden verwendeten Potenzgesetze bieten nur Abschätzungen des E-Moduls. Die Bestimmung des E-Moduls über Vier-Punkt-Biegung war nicht zielführend, da sich die Aluminiumschicht zusätzlich zur geringen Schichtdicke schon bei geringen Spannungen plastisch verformt. Für die Auswertung der Bohrlochergebnisse wurden im Folgenden der durch die instrumentierte Eindringprüfung bestimmte elastische Eindringmodul E_{IT} von 62 GPa verwendet, da die Konstanten der Abschätzungen über die Potenzgesetze nicht für den vorliegenden Schichtverbund bestimmt wurden und auch die Porosität nur metallographisch über Schliffbilder ermittelt wurde. Die 62 GPa entsprechen 88% des E-Moduls des Vollmaterials. Der Wert liegt geringfügig höher als der Bereich, der in der Literatur [14] des E-Moduls von metallischen Schichten angegebene ist. Er sollte demnach eine ausreichende Abschätzung liefern.

3.5.3 Eigenspannungen im Substrat

Der Eigenspannungszustand im Substrat wurde zunächst unabhängig vom Schichtsystem untersucht. Hierfür wurde sowohl röntgenographisch als auch mit der Bohrlochmethode der Eigenspannungstiefenverlauf im Substratwerkstoff nach dem Sandstrahlen bestimmt. Um eine ausreichende Haftung der DMS-Rosetten auf der rauen Substratoberfläche zu garantieren, wurde zunächst die Oberflächenrauheit durch metallographisches Schleifen der Oberfläche verringert. Abb. 3.6 zeigt die so ermittelten Eigenspannungstiefenverläufe. Der Oberflächenwert der röntgenographischen Eigenspannungsanalyse wurde nicht berücksichtigt, da dieser durch das Schleifen beeinflusst wurde.

Das Stahlsubstrat zeigt nach dem Sandstrahlen einen für diesen Prozess typischen Eigenspannungstiefenverlauf. Das Maximum der Druckeigenspannungen liegt bei der röntgenographischen Eigenspannungsanalyse bei 0,1 mm und beträgt etwa -550 MPa.

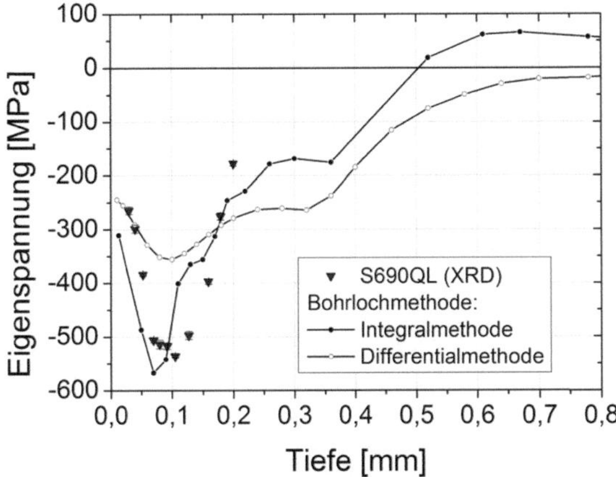

Abb. 3.6: Eigenspannungszustand im Substrat S690QL vor dem Beschichtungsprozess (spannungsarmgeglüht und anschließend sandgestrahlt). Vergleich des mit der inkrementellen Bohrlochmethode ermittelten Eigenspanungstiefenprofils mit Ergebnissen der $\sin^2\psi$ – Methode (RSA) in Kombination mit elektrochemischem Subschichtsabtrag

Im Vergleich zum röntgenographischen Eigenspannungstiefenprofil ist das Ergebnis der Bohrlochmethode sowohl für die Differentialmethode als auch die Integralmethode in Abb. 3.6 dargestellt. Bei Verwendung der Differentialmethode werden schon beim homogenen Werkstoffzustand die Druckeigenspannungen unterschätzt und die steilen Eigenspannungsgradienten nur unzureichend abgebildet. Der Spannungsgradient im Substrat ist mit 4 MPa/µm zu hoch, so dass er durch die Differentialmethode offensichtlich nicht ausreichend genau wiedergegeben werden kann. Wird dagegen die Integralmethode zur Auswertung der Dehnungsauslösungen verwendet, so stimmen die Ergebnisse der Bohrlochmethoden gut mit denen der XRD-Messungen überein. Die maximalen Druckeigenspannungen bestimmt durch die Integralmethode liegen in einer Tiefe von 100 µm und betragen wie bei den XRD-Ergebnissen etwa -550 MPa. Das Maximum der Druckeigenspannungen ist bei den XRD-Ergebnissen um etwa 40 µm zu höheren Tiefen gegenüber den Ergebnissen der Integralmethode verschoben. Der Unterschied kann durch Messungenauigkeiten bei der Bestimmung der Abtragstiefe, einerseits beim Polieren der Proben, anderseits auch beim lokalen elektrochemischen Abtrag für die röntgenographische Spannungsanalyse und bei der Tiefenzustellung der Bohrlochmethode entstehen.

3.5.4 Eigenspannungen im Schichtverbund

Die Eigenspannungen im gesamten Aluminium-Stahl (S690QL)-Schichtverbund wurden ebenfalls mittels der inkrementellen Bohrlochmethode und der röntgenographische Eigenspannungsanalyse bestimmt. Zunächst sollen die Ergebnisse der inkrementellen Bohrlochmethode dargestellt werden. Abb. 3.7 zeigt die bei der Anwendung der Bohrlochmethode gemessenen Dehnungsauslösungen am Aluminium-Stahl (S690QL)-Schichtverbund. Der Übergang vom Schicht- zum Substratmaterial ist deutlich durch einen Knick im Dehnungsverlauf in einer Tiefe von circa 0,25 mm zu erkennen. Dieser entsteht einerseits durch die unterschiedlichen elastischen Eigenschaften von Schicht und Substrat und andererseits durch die unterschiedlichen Spannungszustände in Schicht und Substrat. Bis zum Knick wurde eine negative Dehnungsauslösung mit ε = -20 µm/m am Interface gemessen. Im Bereich des Substrats ist die Dehnungsauslösung positiv. In einer Tiefe von 1 mm beträgt die Dehnungsauslösung ungefähr 60 µm/m. Der Vorzeichenwechsel der Steigung des Dehnungssignals weist auf einen Wechsel von Zugeigenspannungen in der Schicht zu Druckeigenspannungen im Substrat hin.

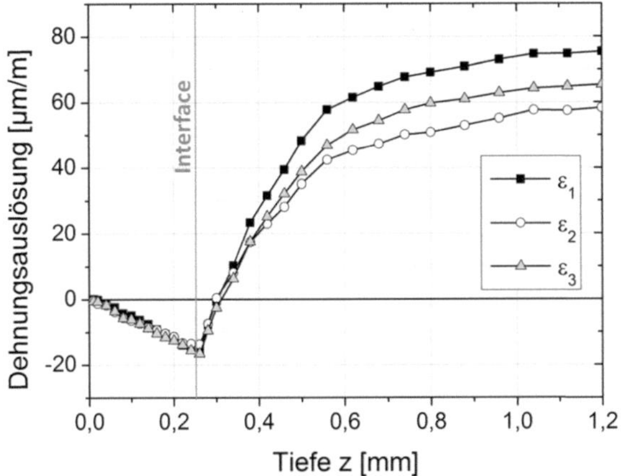

Abb. 3.7: gemessene Dehnungsauslösung am Aluminium (230 µm) – S690QL – Schichtverbund mit D_0 = 1,67 mm, konventionelle Bohrtechnik

Das Übereinstimmen der Dehnungsauslösungen in den drei Messrichtungen in der Schicht sowie im Substrat bis zu einer Tiefe von etwa 0,4 mm zeigt, dass ein rotationsymmetrischer Spannungszustand im Schichtsystem vorliegt, wie er nach dem Sandstrahlen und dem thermischen Spritzprozess erwartet wird. Im weiteren Verlauf driften die drei Dehnungskomponenten um maximal 15 µm/m bei der Gesamttiefe von 1,2 mm auseinander.

In Abb. 3.8 ist die Geometrie des gebohrten Sacklochs im Querschliff zu sehen. Die Bohrlochwände weisen am gebohrten Sackloch nur eine vernachlässigbar geringe Schrägung im Bereich der Schicht auf. Die Abschrägungen am Bohrlochgrund sind typisch für Bohrlöcher, die mit den standardmäßig verwendeten TiN-Bohrern in Proben eingebracht werden [98], da diese eine Fase am Rand der Stirnfläche aufweisen. Auffallend ist zudem die relative dicke Kleberschicht zwischen Schichtoberfläche und DMS-Trägerfolie, die lokal bis zu 100 µm dick ist.

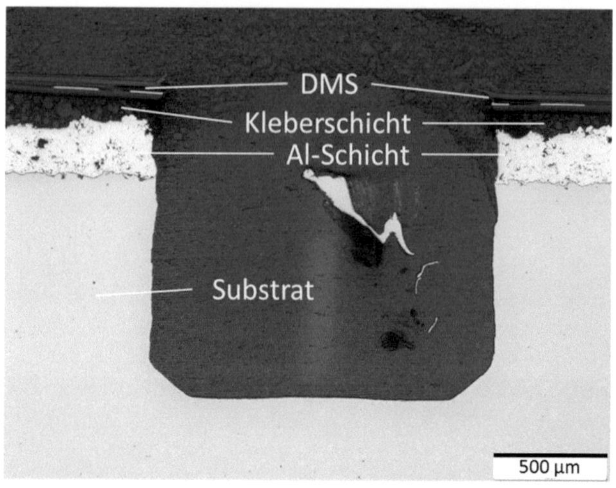

Abb. 3.8: Geometrie des Bohrlochs im Aluminium-Stahl S690QL-Schichtsystem

Das Ergebnis der Eigenspannungsauswertung der gemessenen Dehnungsauslösung unter Annahme eines homogenen Werkstoffzustands für die Differential- und Integralmethode zeigt Abb. 3.9 im Vergleich mit dem röntgenographisch bestimmten Eigenspannungstiefenverlauf. Bei der Auswertung der Dehnungsauslösungen wurden die elastischen Eigenschaften und des Substrats E = 210 GPa und ν = 0,3 verwendet. Zur besseren Übersicht wird im Folgenden bei den Ergebnissen der Bohrlochmessungen nur eine Spannungskomponente dargestellt. Hierfür wurde dieselbe Richtung wie für die röntgenographische Spannungsanalyse gewählt. Röntgenographisch wurden die Eigenspannungen phasenspezifisch im Aluminium und im Stahl bestimmt. Im Bereich des Interfaces erscheint sowohl der {311} Aluminium Peak als auch der {211} α-Ferrit Peak gleichzeitig im Diffraktogramm. Dieser Bereich erstreckt sich über circa 90 µm.

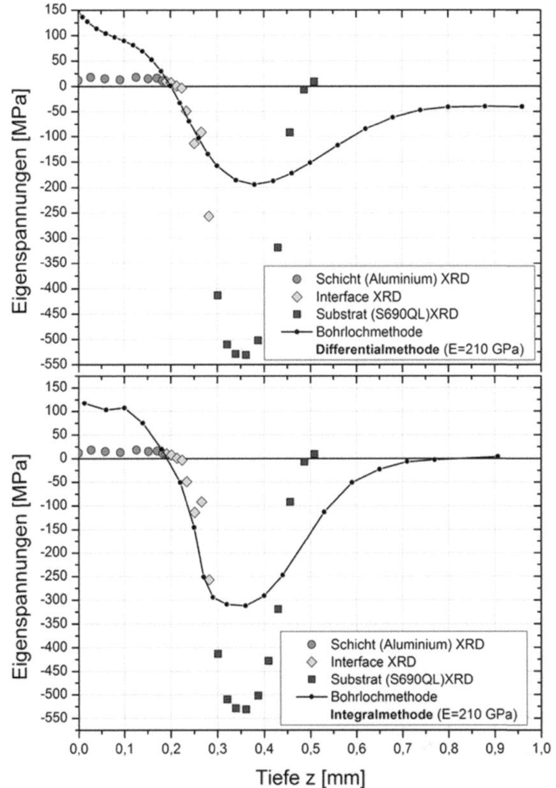

Abb. 3.9: Vergleich der Eigenspannungsergebnisse der phasenspezifischen röntgenographischen Eigenspannungsanalyse (XRD) mit den Bohrlochergebnissen (Standardauswertung für homogene Materialzustände mit $E = 210$ GPa und $\nu = 0{,}3$) des thermisch gespritzten Aluminium-Stahl(S690QL)-Schichtverbundes, oben: Differentialmethode, unten: Integralmethode

Dies entspricht in etwa der Rauheit des Stahlsubstrats vor der Beschichtung. Es wurden im Bereich des Interfaces die Eigenspannungen in beiden Phasen bestimmt und über den Volumenanteil der beiden Phasen die Makroeigenspannungen berechnet. Die Volumenanteile der beiden Phasen in Abhängigkeit von der Tiefe wurden unter der Annahme eines sinusförmigen Interfaces abgeschätzt. In der Schicht wurden röntgenographisch über die Tiefe konstante Zugeigenspannungen um circa 16 MPa ermittelt. Somit ist die Schicht im technischen Sinne eigenspannungsfrei. Im Substrat wurden wieder die für den Sandstrahlprozess typischen Druckspannungen ermittelt, wie auch schon bei der unbeschichteten Probe. Der Beschichtungsprozess hat in diesem Fall keinen Einfluss auf den Eigenspannungszustand im Substrat. Das Maximum der Druckeigenspannungen liegt circa 0,35 mm unter der Probenoberfläche und beträgt etwa -530 MPa. Danach fallen die Eigenspannungen wieder auf circa 0 MPa bei einer Tiefe von etwa 0,5 mm (Abb. 3.9) ab. Für eine Einschätzung der Bohrlochergebnisse, die durch die unterschiedlichen Auswertemethoden bestimmt wurden, wird vorerst angenommen, dass die $\sin^2\psi$-Methode in Kombination mit dem elektrochemischen Schichtabtrag zu zuverlässigen Eigenspannungstiefenverläufen führt. Eigenspannungsumlagerungen, die durch das elektrochemische Abtragen entstehen, wurden nicht korrigiert, da für Schichtverbunde keine allgemein gültige Korrektur existiert [33].

Werden zur Auswertung der mit der Bohrlochmethode gemessenen Dehnungsauslösungen (Abb. 3.7) die konventionellen Auswertemethoden, die Differential- bzw. Integralmethode, in ihrer Formulierung für homogene Werkstoffzustände unter Verwendung des Substrat-E-Moduls verwendet, so werden in der Schicht weitaus höhere Eigenspannungen ermittelt. Die so ermittelten Eigenspannungen in der Schicht betrugen an der Oberfläche circa 100 MPa. Die Überschätzung der Eigenspannungen in der Schicht ist unabhängig von der gewählten Auswertemethoden. Im Substrat werden im Vergleich zur röntgenographischen Eigenspannungsanalyse weitaus geringere Druckeigenspannungen bestimmt. Im Fall der Differentialmethode sind diese im Druckspannungsmaximum circa 300 MPa und im Fall der Integralmethode circa 250 MPa geringer. Die auftretenden starken Spannungsgradienten im Substrat werden vor allem durch die Differentialmethode nur unzureichend abgebildet.

Die Standardauswertemethoden unter Annahme eines homogenen Materialverhaltens sind somit nicht geeignet, um an dem Aluminium-Stahl Schichtverbund Eigenspannungstiefenverläufe zu bestimmen. Im Folgenden werden deshalb über Finite Element Simulationen die Anwendungsgrenzen dieser Methoden systematisch untersucht, um auf Basis der Ergebnisse eine Methode zu entwickeln, mit der Eigenspannungstiefenverläufe auch an Dickschichtsystemen zuverlässig bestimmt werden können.

4 Simulation der inkrementellen Bohrlochmethode

Um den Einfluss des Schichtaufbaus und der Schichteigenschaften auf die Dehnungsauslösung und die anschließende Auswertung der inkrementellen Bohrlochmethode untersuchen zu können, wurden Finite Element (FE)-Simulationen durchgeführt. Die FE-Simulationen erlauben, es die grundlegenden Zusammenhänge zwischen den Schichtparametern und der Dehnungsauslösungen an einem idealem Sackloch, das heißt ohne Fase am Bohrlochgrund, und einem idealen Schichtverbund ohne sich überlagernde Messwertstreuungen zu untersuchen. Zusätzlich können mittels der Simulation fallspezifische Kalibrierdaten berechnet werden. Hierfür wurde ein Finite Element (FE-) Modell mit dem Softwarepaket ABAQUS Standard 6.93 [99] erstellt. Ziel ist es, die Schichtdicke t_c, das E-Modul-Verhältnis χ aber auch den Bohrlochdurchmesser D_0 und die Rosettengeometrie im Modell ändern zu können. Im folgenden Kapitel soll das in der Arbeit verwendete FE-Modell vorgestellt werden.

4.1 Aufbau des 3D-Simulationsmodells

Ziel der FE-Simulation der Bohrlochmethode ist es, die auftretenden Dehnungsauslösungen beim Einbringen eines Bohrlochs in einen bekannten Materialzustand unter einer definierten Spannung berechnen zu können, um so unter anderem Kalibrierkurven für die Auswertung der Bohrlochversuche an Schichtverbunden bestimmen zu können. Hierfür ist es notwendig, ein FE-Modell aufzustellen, welches flexibel auf die in dieser Arbeit zu untersuchenden Problematiken und die durchgeführten Versuche angepasst werden kann.

Folgende Parameter sollen deshalb veränderbar sein:

- Schichtdicke t_c
- unterschiedliche elastische und elastisch-plastische Eigenschaften für Schicht und Substrat
- Bohrlochdurchmesser D_0
- Rosettengeometrie (z.B. Rosettendurchmesser D, Länge und Breite der DMS)
- Bohrtiefen

Der sich aus diesen Anforderungen ergebene Simulationsablauf ist in Abb. 4.1 dargestellt. Aus Symmetriegründen und zur Reduktion der Rechenzeit wird nur ein Viertel des Bohrlochs simuliert (vgl. Abb. 4.2).

Um die oben genannten Parameter mit geringem Aufwand verändern zu können, wurde zunächst ein zweidimensionales FE-Modell über die ABAQUScae Nutzeroberfläche erstellt und vernetzt. Dabei wird das FE-Netz auf den zu simulierenden Bohrlochdurchmesser und die Lage der DMS-Rosette, die im Experiment auf der Probenoberfläche appliziert würden, angepasst (vgl. Abb. 4.2). Das 2D-Modell wird daraufhin mit Hilfe eines perl-Skripts [101] zu einem 3D-Modell extrudiert, in dem jeweils Knoten unter die schon bestehenden Knoten des 2D-Netzes hinzugefügt und zu neuen 3D-Hexaederelementen vom Typ C3D8R zusammengefasst werden.

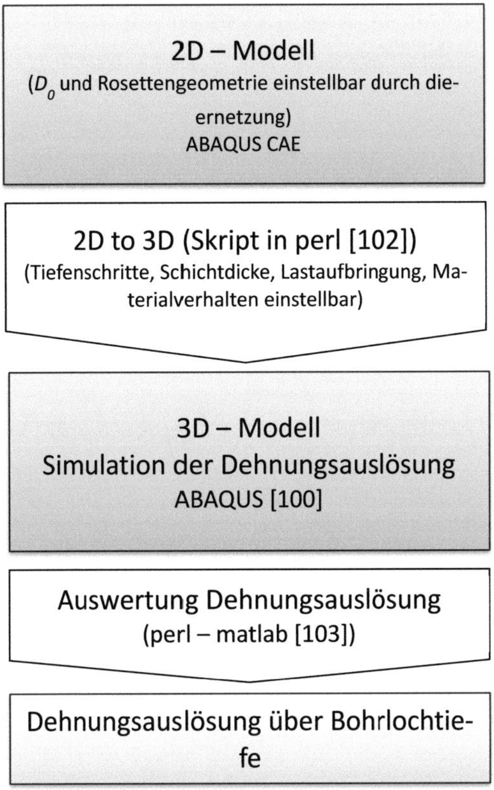

2D – Modell
(D_0 und Rosettengeometrie einstellbar durch die-
ernetzung)
ABAQUS CAE

2D to 3D (Skript in perl [102])
(Tiefenschritte, Schichtdicke, Lastaufbringung, Materialverhalten einstellbar)

3D – Modell
Simulation der Dehnungsauslösung
ABAQUS [100]

Auswertung Dehnungsauslösung
(perl – matlab [103])

Dehnungsauslösung über Bohrlochtiefe

Abb. 4.1: Ablauf der Erstellung des FE-Modells und der FE-Simulation [100]

So entsteht ein schichtweise aufgebautes 3D-Modell wie es in Abb. 4.3 dargestellt ist. Die Höhe der Elemente kann über das perl-Skript nach den gewünschten Bohrschritten eingestellt werden. Die Höhe der einzelnen Elementschichten entspricht jeweils einem später gebohrten Tiefenschritt. Den einzelnen Schichten können unterschiedliche Materialparameter zugeordnet werden. Falls nicht explizit angegeben, wird rein elastisches Materiaverhalten sowohl in der Schicht als auch im Substrat angenommen. Somit werden jeweils der E-Modul und die Querkontraktionszahl für die einzelnen Schichten angegeben: $E_{Schicht}$, $\nu_{Schicht}$, $E_{Substrat}$, $\nu_{Substrat}$ ($E_{Interlayer}$, $\nu_{Interlayer}$). Es wird davon ausgegangen, dass sowohl

Schicht als auch Substrat ein isotrop-elastisches Materialverhalten aufweisen.

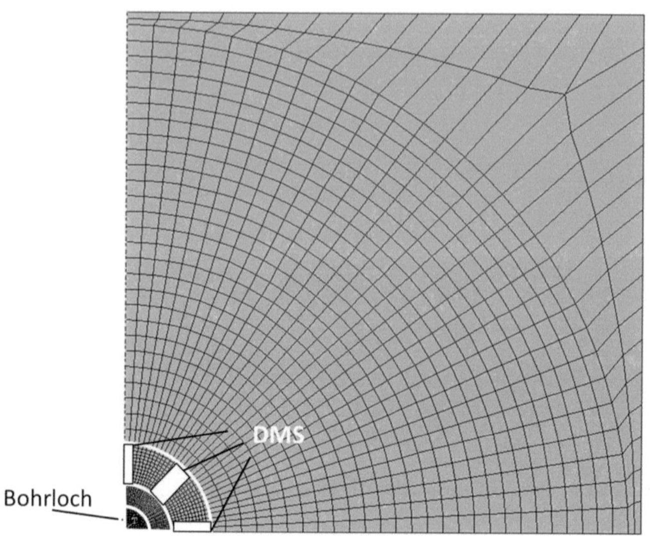

Abb. 4.2: Vernetzung des 2D – Viertelmodell (ABAQUS 6.93)

Im Modell wird die Annahme getroffen, dass zwischen Schicht und Substrat eine ideale Haftung vorliegt und das Interface ideal glatt ist, das heißt, dass keine Rauheit im Bereich des Interface vorhanden ist. Diese Annahmen sind bei vielen Schichtsystemen, wie zum Beispiel Diffusionsschichten gerechtfertigt. Bei thermisch gespritzten Schichten muss diese Annahme abhängig vom Schichtsystem geprüft werden. Das Einbringen des Bohrlochs wird durch sukzessives Herauslöschen von Elementen im Bereich des Bohrlochs mittels der in ABAQUS implementierten MODELCHANGE Funktion [99] simuliert. Die äußeren Abmaße des Modells wurden in allen Fällen so gewählt, dass die in zusammengefassten geometrischen Randbedingungen der Bohrlochmethode nach [69], eine Mindestbauteildicke von 3 x D_0 und ein minimaler Abstand zum Bauteilrand von 10 x D_0, eingehalten werden.

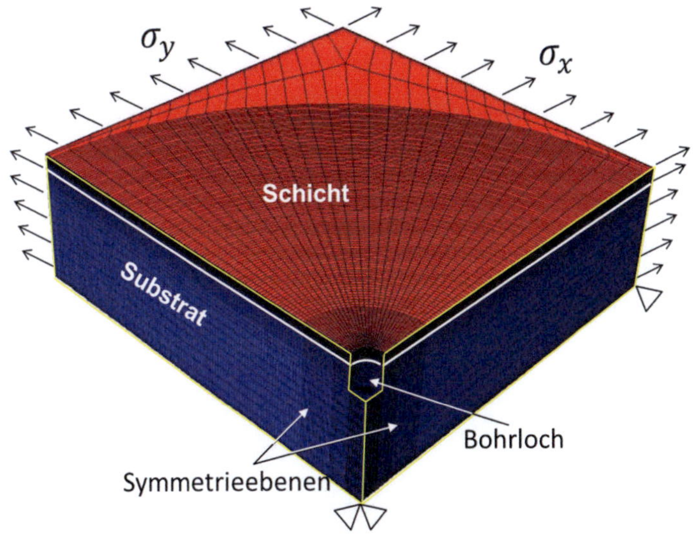

Abb. 4.3: 3D-Viertelmodell für Schichtverbunde. Rot : Schichtmaterial, Blau: Substratmaterial, Lastaufbringung σ_x und σ_y über die Außenflächen

4.2 Lastaufprägung

Wie bereits von Schajer in [71] beschrieben, gibt es zwei grundsätzliche Möglichkeiten die definierte Lastspannung auf ein FE-Modell aufzuprägen (vgl. Abb. 4.4). Diese können aber ausschließlich im Fall von homogenen Werkstoffen als gleichwertig betrachtet werden (Abb. 4.4 (a)). Im Fall von Schichtverbunden ist die berechnete Dehnungsauslösung allerdings abhängig von der Art, wie die Lastspannung aufgebracht wird.

Zum Einen gibt es die Möglichkeit, die Last in einem ersten Rechenschritt über die Außenflächen auf das Modell aufzuprägen. Durch die Annahme, dass die Schicht ideal auf dem Substrat haftet, und durch die unterschiedlichen E-Moduln von Schicht und Substrat, stellt sich im Gleichgewicht ein Spannungssprung am Interface ein (siehe Abb. 4.5b)). Die Höhe dieses Spannungssprungs ist abhängig vom E-Modulverhältnis χ. Werden nun Elemente im Bereich des Bohrlochs gelöscht, verändert sich der Spannungszustand im Modell ausschließlich durch die daraus hervorgerufenen Spannungsumlagerungen.

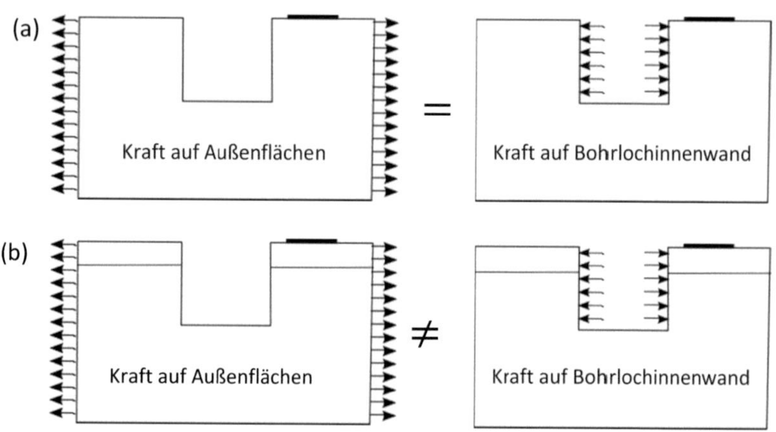

Abb. **4.4: Lastaufprägung auf ein FE-Modell für die Bohrlochmethode für homogene Werkstoffzustände nach [71] (a) und für Schichtverbunde (b)**

Die andere Möglichkeit besteht darin, die Lastspannung über die Bohrlochinnenseite aufzuprägen, jeweils nachdem die Elemente gelöscht worden sind (vgl. Abb. 4.4 b)). Die aufgeprägte Spannung ist über die Bohrlochtiefe konstant. Im Fall von homogenen Werkstoffen führt diese Variante zu den gleichen Ergebnissen wie die Lastaufprägung über die Modellaußenseiten. Dies ist nicht der Fall bei Schichtverbunden, ab einer Bohrlochtiefe größer als die Schichtdicke. Aufgrund der idealen Haftung und den unterschiedlichen elastischen Konstanten muss sich der Spannungszustand sowohl in der Schicht als auch im Substrat mit jedem neuen gebohrten Tiefenschritt ändern, um einen Gleichgewichtszustand zu erreichen. Aus diesem Grund wurden alle Parametervariationen mit einer Lastaufbringung über die Außenflächen durchgeführt, da so ein definierter Spannungszustand vorhanden ist, auf welchen die Ergebnisse der Simulation zum besseren Vergleich bezogen werden können. Dieser sich im Modell einstellende Spannungsverlauf wird in der Arbeit als $\sigma_{nominal}$ bzw. Soll-Spannung bezeichnet.

Mit dem FE-Modell können Kalibrierkurven sowohl für die Differential- als auch für die Integralmethode bestimmt werden. Für die Differentialmethode wird die Kalibrierspannung dabei ebenfalls über die Außenflächen des Modells aufgeprägt. Die Dehnungsauslösung wird dann simuliert und die Kalibrierkurve mit Hilfe der Gleichungen (2.8) und (2.9) berechnet. Zur Bestimmung der Kalibrierkonstanten für die Integralmethode erfolgt die Lastaufprägung über die Bohrlochinnenflächen. Dabei wird nach Schajer [67], [68] die Last schrittweise für jede Bohrtiefe einzeln auf die Bohrlochinnenwand für jedes bereits gebohrte Bohrinkrement aufgebracht (vgl. Abb. 2.8). Da die Last jeweils nur auf ein einzelnes Bohrinkrement aufgeprägt wird, kommt es dabei nicht zu wechselnden Spannungsumlagerungen auf Grund des Interfaces

Alternativ zu Lastspannungen können auf das FE-Modell unterschiedliche Eigenspannungszustände über die von Abaqus zur Verfügung gestellte User-Subroutine SIGINI aufgeprägt werden. In einem ersten Rechenschritt wird aus dem aufgeprägten Eigenspannungstiefenverlauf ein im inneren Gleichgewicht stehender Eigenspannungszustand für das Modell berechnet. Diese Art der Lastaufprägung wird in dieser Arbeit ausschließlich dazu verwendet, um experimentell bestimmte Eigenspannungstiefenverläufe simulativ abzubilden und so den Einfluss des Spannungszustands auf die Dehnungsauslösung und auf die anschließende Spannungsauswertung bei Schichtverbunden systematisch zu untersuchen.

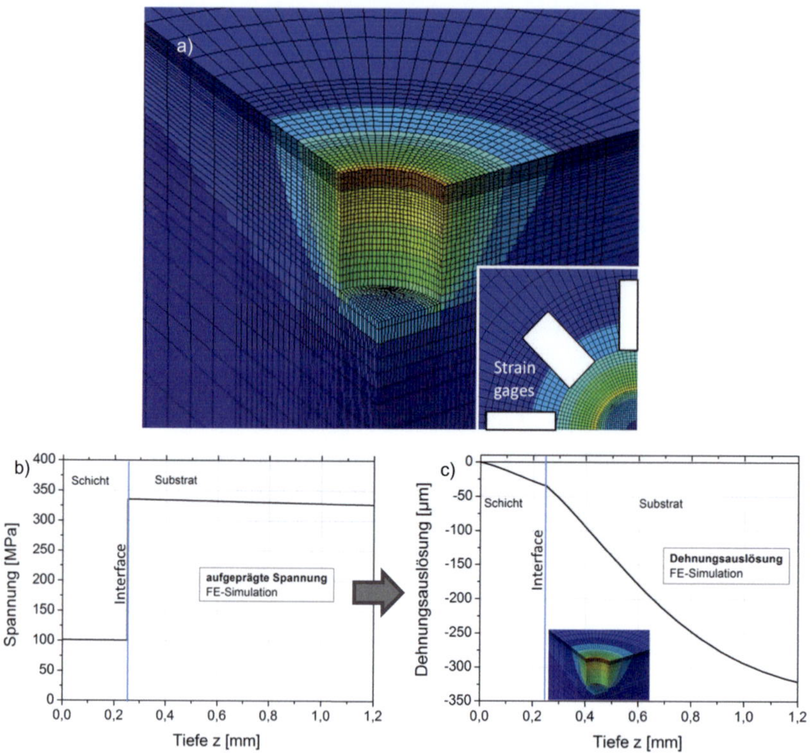

Abb. 4.5: Simulation der Dehnungsauslösung am Beispiel eines Schichtverbundes mit χ=0.3 und $t_{c,n}$ = 250 µm a) Ergebnis der FE-Simulation und der dem Experiment entsprechenden Positionen der DMS in Bezug auf das Bohrloch b) aufgeprägte Spannung c) resultierende Dehnungsauslösung

4.3 Berechnung der Dehnungsauslösung und Auswertung der FE-Simulation

Die an der Oberfläche ausgelösten Dehnungen werden in den Bereichen, in denen im Experiment die DMS kleben, nach jedem Schritt an den Knoten der Modelloberfläche ausgelesen. Die berechneten Dehnungen hängen von der betrachteten Position ab. Je größer der Abstand vom Bohrloch ist, umso geringer werden die Dehnungsauslösungen. Die berechneten Dehnungen ε_{FE} aus der Simulation sollen mit den Dehnungen im Experiment, die über den von der DMS abgedeckten Bereich gemittelt werden, verglichen werden können. Aus diesem Grund werden die Dehnungsauslösungen über den Bereich der DMS A_{DMS} integriert und anschließend auf die Fläche der DMS normiert [60].

$$\varepsilon_{FE,DMS} = \frac{1}{A_{DMS}} \int_{A_{DMS}} \varepsilon_{FE} \, dA_{DMS} \tag{4.1}$$

Die Integration wird für jeden Schritt, sowie für jeden DMS über ein perl-Skript, das für die Integration die Software Matlab [102] aufruft, durchgeführt. Das Skript ermöglicht es, den Bereich der DMS variabel anzupassen und einzugeben, unter welchen Winkeln die DMS liegen, so dass es prinzipiell möglich ist, für beliebige auch nicht standardisierte DMS oder für Daten einer optischen Dehnungsmessung Kalibrierkurven zu bestimmen. Die so berechnete Dehnungsauslösungen (Abb. 4.5c) können mit den im Experiment gemessenen Dehnungsauslösungen verglichen werden bzw. genauso wie diese mit verschiedenen Auswertemethoden, zum Beispiel den Standardmethoden für homogene Werkstoffzustände, ausgewertet werden.

In den nachfolgenden Kapiteln wird der Einfluss unterschiedlicher Schichtparameter, wie dem E-Modulverhältnis χ und der Schichtdicke t_c, systematisch untersucht und die verschiedenen Auswertemethoden werden auf ihre Anwendbarkeit an Schichtsystemen beurteilt. Hierzu werden die aus den simulierten Dehnungsauslösungen berechneten Spannungen $\sigma_{Auswertung}^{ES}$ mit dem aufgeprägten Spannungszustand $\sigma_{nominal}^{ES}$ verglichen und die relative Spannungsabweichung $\Delta_{Spannung}$ gemäß

$$\Delta_{Spannung} = \frac{\sigma^{ES}_{Auswertung} - \sigma^{ES}_{nominal}}{\sigma^{ES}_{nominal}} \cdot 100\% \qquad (4.2)$$

berechnet (vgl. Abb. 4.6). Experimentell gemessene Dehnungsdaten werden bei der Verwendung der Differentialmethode standardmäßig mit kubischen Splines geglättet, um die Streuung der Messdaten zu minimieren. Auch wenn die simulierten Dehnungsdaten keine signifikante Streuung aufweisen, wurden diese trotzdem bei der Auswertung der durchgeführten Parametervariationen geglättet, damit die Auswertung der Simulationsdaten vergleichbar mit der Auswertung von experimentellen Daten ist.

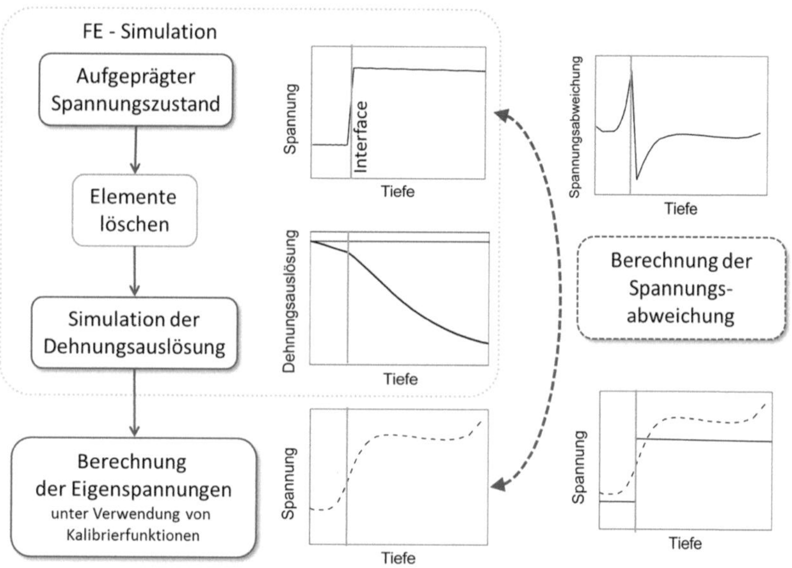

Abb. 4.6: Ablauf und Auswertung der Simulation der Dehnungsauslösung zur Berechnung der Spannungsabweichung

Bei Anwendung der Integralmethode wird empfohlen, die Glättung gering zu halten [103], um die dadurch entstehende Verzerrung der Daten zu minimieren. Da das verwendete kommerzielle Auswerteprogramm

[103] alle Nachkommastellen ignoriert, war es nötig die Dehnungsdaten dennoch zu glätten, um so die Streuung der errechneten Eigenspannungen zu minimieren und mit den Ergebnissen der Differentialmethode annähernd vergleichen zu können. Die für die Parametervariationen verwendeten Glättungsparameter sind in Tabelle 4.1 zusammengefasst. Sie entsprechen in etwa den jeweils empfohlenen Glättungsparametern der einzelnen Methoden.

Tabelle 4.1: Verwendete Glättungsparameter bei der Konditionierung der Dehnungsdaten

Auswertemethode	Differentialmethode (Glättung mit kubischen Splines)	Integralmethode (Glättung implementiert in [103])
Glättungsparameter	**0,5**	**50%**

5 Ergebnisse der FE-Simulation

Im diesem Kapitel werden die Ergebnisse der FE-Simulation dargestellt. Zunächst erfolgt die Validierung des verwendeten FE-Modells. Im Anschluss folgen die Ergebnisse der FE-Simulationen und deren Auswertung (vgl. Abb. 4.6) zur Bestimmung der Anwendungsgrenzen der Standardmethoden sowohl mit Kalibrierdaten für homogene Werkstoffzustände als auch fallspezifischen Kalibrierkurven.

5.1 Validierung des FE-Modells – Vergleich mit der Gleichung von Kirsch

Zur Validierung des FE-Modells wird das Ergebnis der Simulation mit der analytischen Lösung von Kirsch verglichen. Mit dem vorgestellten FE-Modell wurde dafür der Fall des Einbringens einer Durchgangsbohrung in eine dünne Platte mit einer Dicke von 1,2 mm unter einer einachsigen Belastung $\sigma_1 = 100$ MPa und $\sigma_2 = 0$ MPa simuliert (siehe Abb. 5.1 (a)). Abb. 5.1 (b) zeigt die Dehnungsauslösung in radialer und tangentialer Richtung in Abhängigkeit von R/R_0 unter 0° und 90° (Abb. 5.1 (a)) zur Richtung der Hauptspannung σ_1 im Vergleich zur analytischen Lösung von Kirsch (Gleichungen (2.3) und (2.4)). Das Modell zeigt eine sehr gute Übereinstimmung mit den Gleichungen von Kirsch [45] im relevanten Bereich, in dem die virtuellen DMS liegen. Bei Betrachtung der radialen Dehnungsauslösung unter 0° erhält man eine mittlere Abweichung von 1 % für den gesamten Bereich der DMS. In allen anderen Richtungen sind die Abweichungen etwas höher. Hier findet sich eine über den DMS Bereich gemittelte Abweichung von etwa 2%. Direkt am Bohrlochrand ist die Abweichung zwischen Simulation und der Kirsch'en Gleichung maximal, unter 0° beträgt diese 16% und unter 90° 7%. Für die Simulation der Dehnungsauslösung ist allerdings die Dehnungsauslösung im Bereich der DMS relevant. Die Ergebnisse der Bohrlochsimulation liegen hier sehr nahe an der Gleichung von Kirsch. Somit ist das Simulationsmodell geeignet, die Dehnungsauslösung beim Einbringen eines Sackloches in ein homogenes Material zu simulieren. Ein Modell mit der doppelten Anzahl an Elementen wurde ebenfalls untersucht. Die höhere Anzahl an Elementen führt zu keiner Verbesserung der Genauigkeit und wurde deshalb auf Grund der um den Faktor 4 höheren Rechenzeit nur zur Simulation der Rauheit am Interface verwendet.

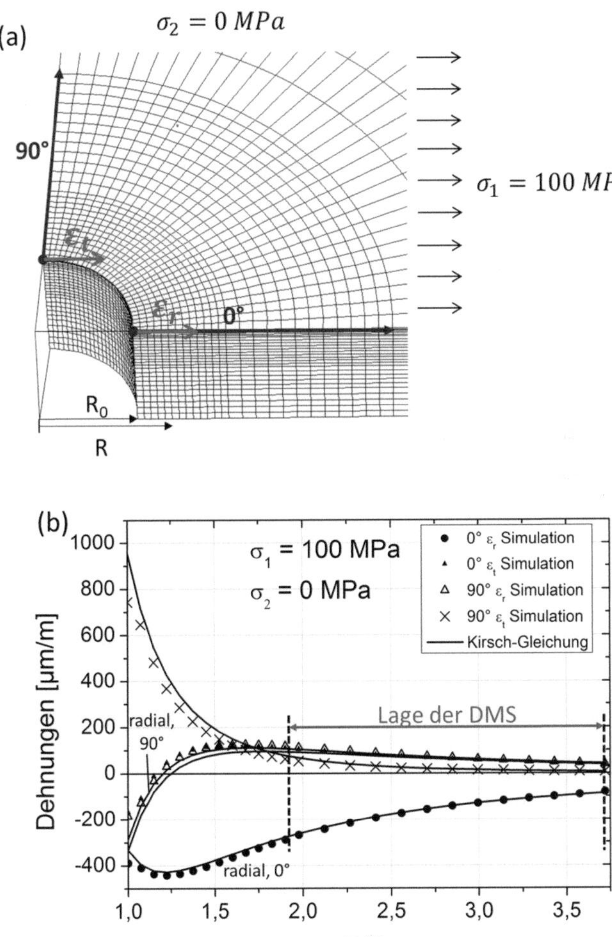

Abb. 5.1: (a) Modell zur Validierung der FE-Simulation, mit den Pfaden entlang derer die Dehnungsauslösung ausgewertet wurden. (b) Vergleich der simulierten Dehnungsauslösung in Richtung der Hauptspannungen für die Pfade 0° und 90°

5.2 Anwendungsgrenzen bestehender Auswertemethoden

Zur Bestimmung der Anwendungsgrenzen bestehender Auswertemethoden wurde die Dehnungsauslösung beim Einbringen eines Bohrlochs in Modellschichtverbunde simuliert. Bei diesen Modellschichtsystemen wurden die Materialkombinationen und Schichtdicken systematisch variiert. Dabei steht zunächst das Ziel im Vordergrund, die Grenzen der Standardmethoden für unbeschichtete Materialzustände, der Differential- und der Integralmethode, bei der Anwendung auf schichtweise aufgebaute Materialien zu definieren. Die hierfür durchgeführten Parametervariationen sollen ebenfalls dazu dienen, den Einfluss der wichtigsten Schichtparameter auf die Eigenspannungsbestimmung mit der Bohrlochmethode zu untersuchen. Die folgenden Parameter wurden hierfür systematisch variiert:

- Schichtdicke t_c
- E-Modulverhältnis $\chi = \frac{E_{Schicht}}{E_{Substrat}}$
- Poisson-Zahlverhältnis $\kappa = \frac{\nu_{Schicht}}{\nu_{Substrat}}$

Auf der Auswerteseite wurden folgenden Auswertemethoden untersucht:

- Auswertemethoden entwickelt für homogene Werkstoffzustände
  - Differentialmethode
  - Integralmethode
- Verwendung von fallspezifisch gerechneten Kalibrierkurven basierend auf der
  - Differentialmethode
  - Integralmethode

Im letzten Teil des Kapitels wird der Einfluss von Zwischenschichten und von nicht ideal glatten Interfaces auf die Spannungsauswertung systematisch durch FE-Simulation untersucht.

Eine erste FE-Analyse wurde an einem Modelschichtsystem mit einer Schichtdicke von 250 µm und einem E-Modulverhältnis $\chi = E_{Schicht}/E_{Substrat}$ von 0,3 durchgeführt. Dies entspricht ungefähr dem im Abschnitt 3.1 vorgestelltem Schichtverbund bestehend aus einer thermisch gespritzten Aluminiumschicht auf einem Stahl (S690QL) Substrat. In der FE-Simulation wurde auf die Außenflächen des Modells eine Spannung von 300 MPa aufgeprägt. Der sich im Gleichgewicht einstellende Spannungszustand und die Dehnungsauslösungen, die beim Einbringen eines Lochs mit einem Durchmesser von 1,8 mm auftreten, sind in Abb. 4.5 dargestellt.

Abb. 5.2 zeigt den errechneten Spannungstiefenverlauf, wenn man diese Dehnungsauslösung unter der Annahme von homogenem Materialverhalten mit der Differential- (a) und der Integralmethode (b) auswertet. Für die Auswertung wurden die kommerziell erhältlichen Programme für die Differentialmethode und Integralmethode verwendet. Als Input-Werte für die Auswertung wurde dabei entweder der E-Modul des Substrats $E_{Substrat}$ oder der E-Modul der Schicht $E_{Schicht}$ verwendet. Das Ergebnis in Abb. 5.2 zeigt deutlich, dass weder die Differential- noch die Integralmethode den Spannungsverlauf quantitativ noch qualitativ zuverlässig abbilden können. Dies ist unabhängig vom gewählten E-Modul. Wird $E_{Substrat}$ für die Auswertung verwendet, so wird die Spannung in allen Bereichen des Schichtverbundes (Schicht und Substrat) stark überschätzt, im Fall der Differentialmethode in der Schicht mit ungefähr 35 MPa und im Substrat mit circa 75 MPa. Die Integralmethode überschätzt den Spannungszustand im Substrat mit etwa 180 MPa noch deutlich stärker als die Differentialmethode. Im Bereich der Schicht ist die Abweichung ähnlich der Differentialmethode. Die höheren Abweichungen im Substrat bei der Integralmethode sind auf die Grundannahmen der Methode zurückzuführen.

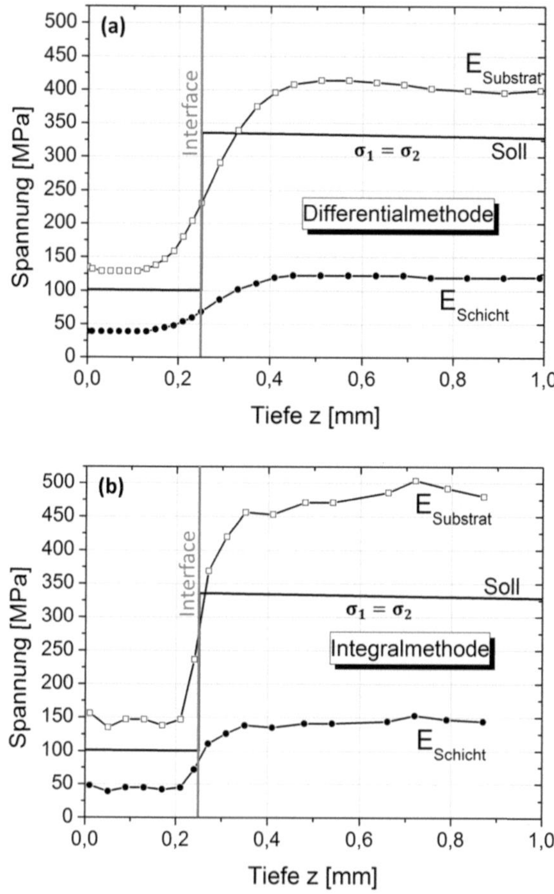

Abb. 5.2: Spannungen berechnet aus FEM-Dehnungsauslösung unter Verwendung der E-Moduln von Substrat und Schicht im Vergleich zur nominellen Spannung $\sigma_1 = \sigma_2$ (Soll) aus der FE-Berechnung (a) für die Differentialmethode (b) für die Integralmethode, t_c = 250 µm und χ = 0,3 (D_0 = 1,8 mm)

Der Fehler in der Schicht pflanzt sich bis in das Substrat fort, da auch jeweils alle Dehnungsauslösungen in vorher gebohrten Tiefenschritten die Spannungsauswertung beeinflussen. Durch den Ansatz der Differentialmethode wird der Fehler aus der Schicht nicht in das Substrat fortgepflanzt und die Abweichung ist somit geringer. Bei der Integralmethode treten zusätzlich lokal höhere Streuungen im Eigenspannungstiefenverlauf auf. Diese lassen sich darauf zurückführen, dass in der verwendeten Auswertesoftware H-Drill [103] die Nachkommastellen der Dehnung nicht berücksichtigt werden. Die Software geht davon aus, dass die experimentelle Dehnungsmessung nicht mit dieser Genauigkeit durchgeführt werden kann. Das Glätten der Dehnungsdaten reduziert diesen Einfluss nur teilweise.

Um den Einfluss der Schichtparameter χ und t_c systematisch untersuchen zu können, wird im Folgenden die relative Spannungsabweichung $\Delta_{Spannung}$ betrachtet (s. Formel (4.2)).

Hierbei wird die mit den Standardmethoden berechnete Spannung $\sigma^{ES}_{Auswertung}$ mit der in der Simulation aufgeprägten nominellen Spannung $\sigma^{ES}_{nominal}$ verglichen.

Abb. 5.3 zeigt die Spannungsabweichung für den schon in Abb. 5.2 betrachteten Schichtverbund (χ = 0,3, t_c = 250 µm) bei Auswertung mit der Differentialmethode. Betrachtet man die Spannungsabweichung, kann man den Schichtverbund in drei separate Bereiche einteilen, die Schicht, die Interfaceregion und das Substrat. Die Einteilung ist abhängig von der Schichtdicke. Sie wurde unter Betrachtung der Spannungsabweichung über der Bohrtiefe durchgeführt. Im Schichtbereich ist $\Delta_{Spannung}$ nahezu konstant über die Bohrtiefe. Gleiches gilt für den Substratbereich. Der uniforme Spannungszustand wird in beiden Bereichen qualitativ wiedergegeben. Eine zuverlässige quantitative Spannungsauswertung ist allerdings nicht möglich, da die Wahl des E-Moduls die Höhe der Abweichung zwischen der ausgewerteten und der nominellen Spannung bestimmt. In dem betrachteten Beispiel ist die Abweichung größer, wenn der Schicht-E-Modul zur Auswertung gewählt wird.

Anders sieht es in dem Bereich um das Interface herum aus. Hier zeigt die Spannungsabweichung im Gegensatz zu den beiden anderen Teilen ein stark abweichendes Verhalten. $\Delta_{Spannung}$ ist nicht mehr konstant und weist direkt am Interface ein sprunghaftes Verhalten auf. Hier tritt auch der größte Fehler auf. Dieser Bereich wird im Folgenden als vom Interface „beeinflusste Zone" bezeichnet. Die Grenzen der Zone wurden ab der Tiefe definiert, ab der $\Delta_{Spannung}$ nicht mehr konstant, bzw. bis zu der Tiefe, ab der $\Delta_{Spannung}$ wieder konstant ist. In Abb. 5.3 ist dieser Bereich grau eingefärbt. Der Spannungssprung, der am Interface auftritt, kann durch die Auswertemethoden nur unzureichend reproduziert werden. In der beeinflussten Zone, die in diesem Fall von 150 µm bis zu 400 µm Tiefe reicht, steigt somit die Abweichung zwischen der berechneten und der in der Simulation aufgeprägten Spannung. Für die Spannungsabweichung bei der Integralmethode (vgl. Abb. 5.4) gilt prinzipiell das gleiche wie für die Differentialmethode. Die maximale Spannungsabweichung am Interface ist etwa 30% höher als bei der Differentialmethode. Die durch das Interface beeinflusste Zone ist dagegen nicht ganz so breit und erstreckt sich nur von 200 µm bis 350 µm Tiefe.

Die Größe der beeinflussten Zone hängt vor allem bei der Differentialmethode vom verwendeten Glättungsparameter bei der Konditionierung der Dehnungsdaten ab. Durch die Glättung wird vor allem der Bereich um das Interface beeinflusst und der hier auftretende Knickpunkt bei den Dehnungsdaten abgeschwächt.

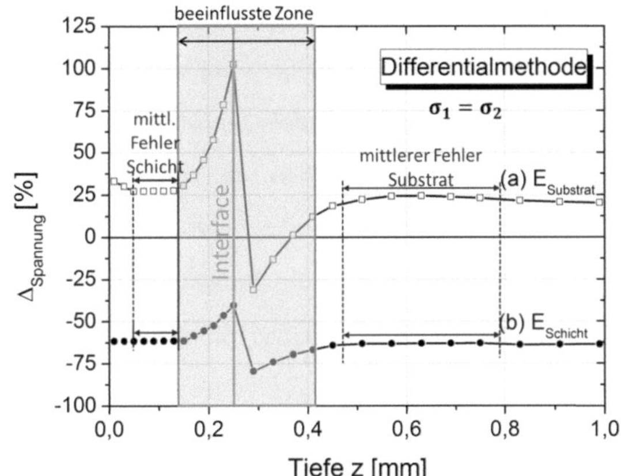

Abb. 5.3: Spannungsabweichung $\Delta_{Spannung} = \frac{\sigma^{ES}_{Auswertung} - \sigma^{ES}_{nominal}}{\sigma^{ES}_{nominal}} \cdot$ 100% als Funktion der Bohrtiefe für die Differentialmethode unter Verwendung von (a) $E_{Substrat}$ und (b) $E_{Schicht}$; Schichtsystem t_c = 250 µm , χ = 0,3 (D_0 = 1,8 mm) und $\sigma_1 = \sigma_2$

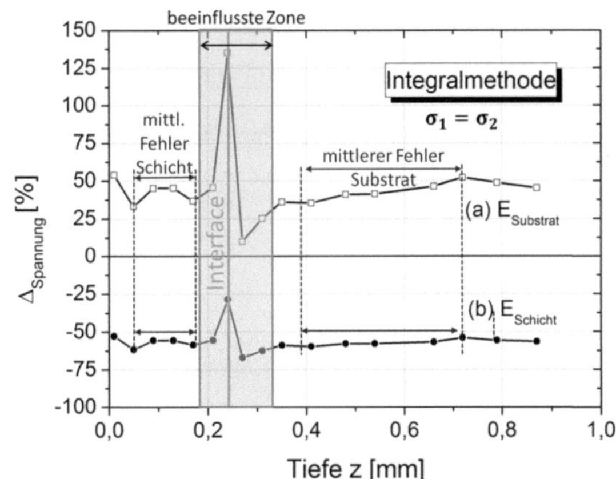

Abb. 5.4: Spannungsabweichung $\Delta_{Spannung} = \frac{\sigma^{ES}_{Auswertung} - \sigma^{ES}_{nominal}}{\sigma^{ES}_{nominal}} \cdot$ 100% als Funktion der Bohrtiefe für die Integralmethode unter Verwendung von (a) $E_{Substrat}$ und (b) $E_{Schicht}$; Schichtsystem t_c = 250 µm , χ = 0,3 (D_0 = 1,8 mm) und $\sigma_1 = \sigma_2$

Als Folge dessen wird der Spannungssprung am Interface nur noch unzureichend abgebildet und $\Delta_{Spannung}$ steigt.

Aus diesem Grund wird in den folgenden Kapiteln die Fehlerabweichung ausschließlich außerhalb der vom Interface beeinflussten Zone über den Bereich der Schicht und des Substrats gemittelt, in dem die Spannungsabweichung annähernd konstant über die Tiefe ist. Der Bereich, über den gemittelt wird, ist in Abb. 5.4 eingezeichnet. Diese untersuchte Spannungsabweichung ist eine systematische Abweichung, die durch Anwendung von Standardauswertemethoden für homogene Materialzustände auf an Schichtverbunden gemessenen Dehnungsauslösungen auftritt. Im Fall von experimentell durchgeführten Bohrlochexperimenten kommen zusätzlich zu dieser systematischen Abweichung noch statistische Messwertschwankungen hinzu.

5.2.1 E-Modulverhältnis

Ein Schichtparameter, der maßgeblich die Dehnungsauslösung und somit auch die Spannungsauswertung beeinflusst, ist das Verhältnis χ von Schicht-E-Modul $E_{Schicht}$ zu Substrat-E-Modul $E_{Substrat}$ mit $\chi = E_{Schicht}/E_{Substrat}$. Das Diagramm in Abb. 5.5 zeigt den Einfluss von χ auf die Spannungsabweichung $\Delta_{Spannung}$ sowohl in der Schicht als auch im Substrat für die Anwendung der Differentialmethode.

Als Modellbeispiel wurde ein Schichtverbund mit einer auf den Bohrlochdurchmesser normierten Schichtdicke $t_{c,n}$ von 0,1389 gewählt. Dies entspricht bei einem Bohrlochdurchmesser D_0 von 1,8 mm einer Schichtdicke t_c von 250 µm. Ausgehend von dieser Schichtdicke wurde das E-Modulverhältnis χ variiert. Wie erwartet steigt der Betrag der Spannungsabweichung $\Delta_{Spannung}$ je weiter χ von eins, also dem homogenen Zustand, abweicht.

In dem betrachteten Parameterbereich erreicht die Spannungsabweichung 50% für die Extremwerte $\chi = 0,2$ und $\chi = 4$ für den Fall, dass die

Differentialmethode mit $E_{Substrat}$ als Inputparameter verwendet wird. Wenn $E_{Schicht}$ für die Auswertung verwendet wird, ist die Spannungsabweichung für diese Schichtdicke noch größer und erreicht für χ = 0,2 75% und für χ = 4 sogar 100%. Die Höhe der Spannungsabweichung ist in Substrat und Schicht annähernd gleich und hängt hauptsächlich von der Wahl des E-Moduls als Input für die Auswertung ab. In diesem Fall (t_c = 250 µm) ist der Fehler beim Auswerten mit dem Schicht-E-Modul immer größer als beim Auswerten mit dem Substrat-E-Modul.

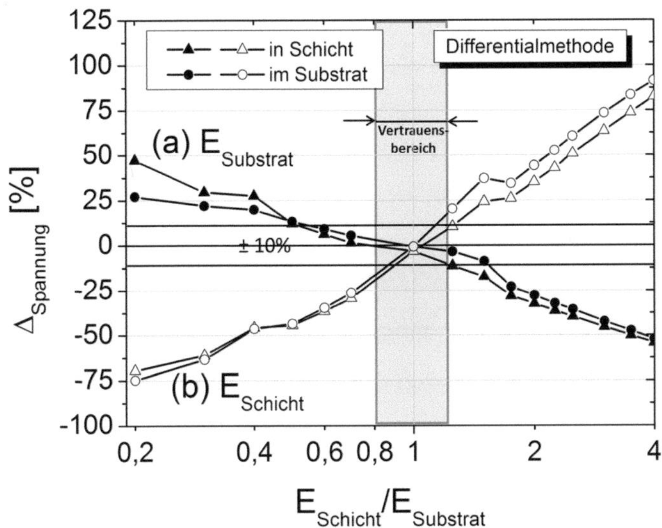

Abb. 5.5: Spannungsabweichung $\Delta_{Spannung}$ in Schicht und Substrat in Abhängigkeit von $\chi = E_{Schicht}/E_{Substrat}$ für Schichtsysteme mit t_c = 250 µm unter Verwendung von (a) $E_{Schicht}$ und (b) $E_{Substrat}$ als Eingangsdaten für die Auswertung nach der Differentialmethode (D_0 = 1,8 mm), Spannungszustand $\sigma_1 = \sigma_2$

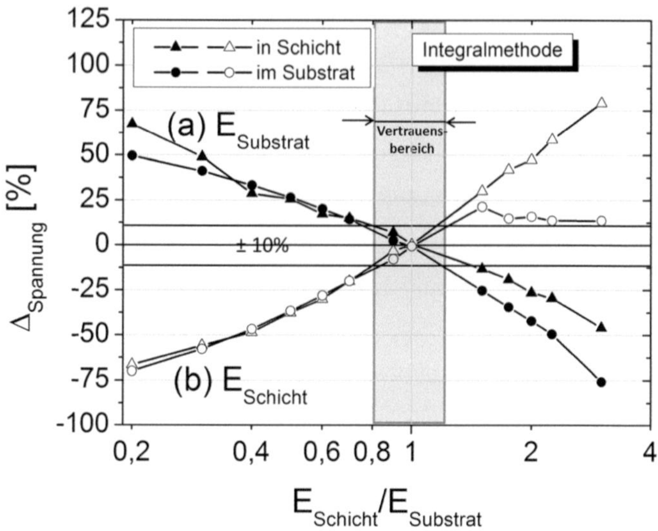

Abb. 5.6: Spannungsabweichung $\Delta_{Spannung}$ in Schicht und Substrat in Abhängigkeit von $\chi = E_{Schicht}/E_{Substrat}$ für Schichtsysteme mit t_c = 250 µm unter Verwendung von (a) $E_{Schicht}$ und (b) $E_{Substrat}$ als Eingangsdaten für die Auswertung nach der Integralmethode (D_0 = 1,8 mm), Spannungszustand $\sigma_1 = \sigma_2$

Ähnliche Abhängigkeiten lassen sich auch bei Verwendung der Integralmethode beobachten (s. Abb. 5.6). Auch hier steigt die Spannungsabweichung je weiter χ von eins abweicht. Auffallend ist hier jedoch, dass der Fehler der Spannungsbestimmung im Substrat, wenn $E_{Schicht}$ als elastische Konstante des Schichtverbunds genommen wird, bei χ größer 1 relativ konstant 10% beträgt. Der Fehler der Spannungsbestimmung in der Schicht steigt gleichzeitig aber stark an.

Definiert man sich nun eine Anwendungsgrenze für die Methoden bei einem systematischen Fehler von 10%, was bei vielen Anwendungen gerechtfertigt ist, und ist die genaue Kenntnis des Spannungsgradienten unmittelbar am Interface nicht erforderlich, so können hinsichtlich der Schichtdicke neue Anwendungsgrenzen für die Anwendung der inkrementellen Bohrlochmethode an Schichtverbunden definiert werden. In diesem Fall können die Standardauswertemethoden für homogene, d.h. nicht schichtweise aufgebaute, Materialien, auch auf Schichtverbunde angewendet werden, wenn für das Verhältnis der E-Module gilt: $0{,}8 < \chi < 1{,}2$. Diese Bedingung wäre unter anderem bei Systemen bestehend aus einer austenitischen Schicht auf einem ferritischen Stahl, wie sie zum Beispiel in der Ölindustrie aus Korrosionsschutzgründen eingesetzt wird [104], erfüllt. Die Spannungsabweichungen wurden für rotationsymmetrische Spannungszustände ermittelt. Die Ergebnisse können jedoch auch auf andere nicht rotationssymmetrische Spannungszustände übertragen werden.

5.2.2 Schichtdicke

Einen großen Einfluss auf die gemessene Dehnungsauslösung und somit auch auf die Spannungsauswertung hat nicht nur das E-Modul-Verhältnis χ, sondern auch die Schichtdicke t_c in Kombination mit dem gewählten Bohrlochdurchmesser D_0. Das Diagramm in Abb. 5.7 zeigt den Verlauf der Spannungsabweichung $\Delta_{Spannung}$ in Abhängigkeit von der normierten Schichtdicke $t_{c,n} = t_c/D_0$ für Modellschichtsysteme mit einem E-Modulverhältnis $\chi = 0{,}3$ unter Verwendung der Differentialmethode. Betrachtet man zunächst den Fehler im Substrat unter Verwendung von $E_{Substrat}$ bei der Auswertung, so kann man feststellen, dass sehr dünne Schichten im Bereich von nur wenigen µm einen vernachlässigbar kleinen Einfluss auf die Eigenspannungsbestimmung mit der Bohrlochmethode hatten. Mit steigender normierter Schichtdicke wird die Spannungsabweichung kontinuierlich größer bis zu einer Abweichung von circa 50% bei einer normierten Schichtdicke von $t_{c,n} = 0{,}472$. Dies entspricht bei einem Bohrlochdurchmesser von 1,8 mm einer Schichtdicke von 850 µm. Im Gegensatz dazu ist das Spannungsergebnis in dünnen Schichten stark durch das Substratmaterial beeinflusst. Verwendet man für die Auswertung der Dehnungsauslösungen, die bis zum Interface gemessen werden, den E-Modul der Schicht $E_{Schicht}$, so nimmt die Spannungsabweichung in der Schicht mit zunehmender Schichtdicke kontinuierlich ab. Das Substratmaterial hat somit einen immer geringer werdenden Einfluss auf das mechanische Verhalten und insbesondere auf die lokale effektive Steifigkeit der Schicht, wenn ein Bohrloch in die Probe eingebracht wird. Bei Schichtdicken größer als 700 µm (D_0 = 1,8 mm) ist der Fehler kleiner als 10%.

Analog zur Differentialmethode verhält sich die Abhängigkeit der Spannungsabweichung Δ_{Spannung} als Funktion der normierten Schichtdicke bei Verwendung der Integralmethode. Allerdings ist die Spannungsabweichung im Substrat höher als bei der Differentialmethode. In der Schicht ist die Spannungsabweichung hingegen etwas geringer. Dies kann wiederum durch die unterschiedlichen Grundannahmen beider Methoden erklärt werden. Dadurch, dass bei der Integralmethode die Spannungen aller bereits gebohrten Tiefeninkremente in die Auswertung eingehen, setzt sich der Fehler aus dem Schichtanteil weiter ins Substrat fort, und dies umso mehr, je dicker das Substrat ist. Dies führt mit steigender Schichtdicke zu einem wesentlich stärkeren Anstieg der Spannungsabweichung. Nimmt man jetzt wie im vorherigen Abschnitt einen Fehler von 10% als Vertrauensgrenze an, so können auch für die Schichtdicke Anwendungsgrenzen definiert werden, wiederum ohne den Spannungsgradienten am Interface zu berücksichtigen. Bis zu einer normierten Schichtdicke $t_{c,n}$ von 0,0389 (t_c = 70 µm bei D_0 = 1,8 mm) kann die Bohrlochmethode zur Bestimmung von Eigenspannungstiefenverläufen im Substrat unter Anwendung der Differentialmethode verwendet werden. Ab einer normierten Schichtdicke von 0.389 (t_c = 700 µm bei D_0 = 1,8 mm) können Eigenspannungstiefenverläufe in der Schicht ausgewertet werden. Diese Grenzen gelten für ein E-Modulverhältnis χ = 0,33 und für die Anwendung der Differentialmethode.

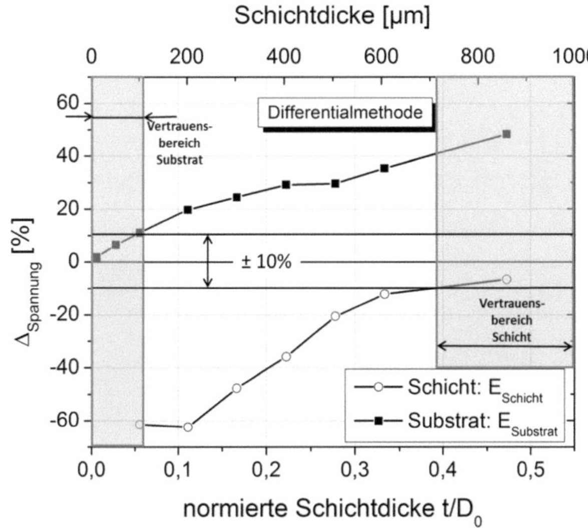

Abb. 5.7: Spannungsabweichung in Abhängigkeit von Schichtdicke (obere Achse) und der normierten Schichtdicke (untere Achse) für Schichtdicken mit t_c = 250 µm; Differentialmethode (D_0 = 1,8 mm), Spannungszustand $\sigma_1 = \sigma_2$, $\chi = 0{,}3$

Wird die Integralmethode zur Auswertung herangezogen, so verschieben sich die Anwendungsgrenzen leicht zu geringeren tolerierbaren Schichtdicken, für den Fall, dass die Spannung im Substrat von Interesse ist, und zu höheren Mindestschichtdicken, wenn die Spannung in der Schicht bestimmt werden soll.

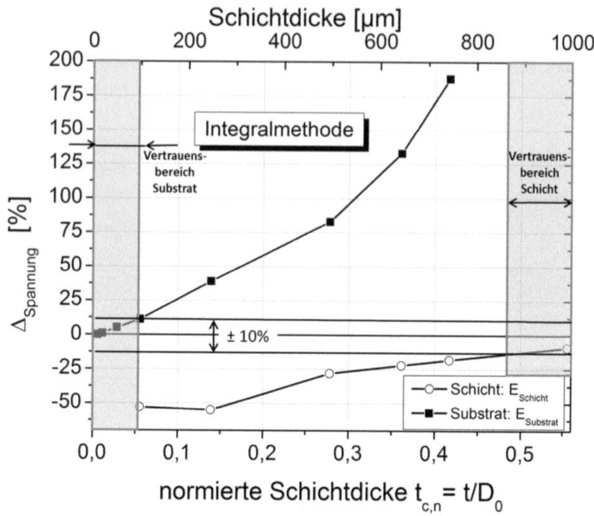

Abb. 5.8: Spannungsabweichung in Abhängigkeit von Schichtdicke (obere Achse) und der normierten Schichtdicke (untere Achse) für Schichtdicken mit t_c = 250 µm; Integralmethode (D_0 = 1,8 mm), Spannungszustand $\sigma_1 = \sigma_2$, $\chi = 0{,}3$

Für beide Methoden gilt aber, dass, je näher χ an eins kommt, umso mehr verschieben sich die Anwendungsgrenzen zu höheren tolerierbaren Schichtdicken für die Eigenspannungsanalyse im Substrat. Gleichzeitig verschieben sich die Anwendungsgrenzen zu geringeren Schichtdicken für eine Eigenspannungsanalyse in Schichten. Dies bedeutet zum Beispiel, dass Dünnschichten, wie sie mit PVD (Physical Vapor Deposition)-Prozessen [105] hergestellt werden, kaum einen Einfluss auf die Eigenspannungsauswertung haben, solange sie beim Durchbohren stabil auf dem Substrat haften und die Dehnungen vollständig auf die DMS an der Probenoberfläche übertragen werden.

5.2.3 Querkontraktionszahl

In die Auswertung geht als Inputparameter für das elastische Materialverhalten nicht nur der E-Modul sondern auch die Querkontraktionszahl

ν ein (vgl. Gleichungen (2.5) und (2.12)). Auch diese kann zwischen Schicht und Substrat variieren. Aluminium hat zum Beispiel eine Querkontraktionszahl von 0,34, während für ν_{Stahl} = 0,3 gilt. Abb. 5.9 zeigt wie die Spannungsabweichung mit der Querkontraktionszahl der Schicht $\nu_{Schicht}$ variiert, wenn für die Auswertung ausschließlich die Querkontraktionszahl des Substrats $\nu_{Substrat}$ verwendet und somit der Einfluss der unterschiedlichen Poissonzahlen vernachlässigt wird. $\nu_{Substrat}$ war jeweils konstant 0,3. $\nu_{Schicht}$ wurde zwischen 0,2 und 0,4 variiert, einem Bereich in dem viele technisch relevante Schichtmaterialien liegen. Als Modellschichtsystem wurde dabei wieder das System mit χ = 0,3 und t_c = 250 µm verwendet.

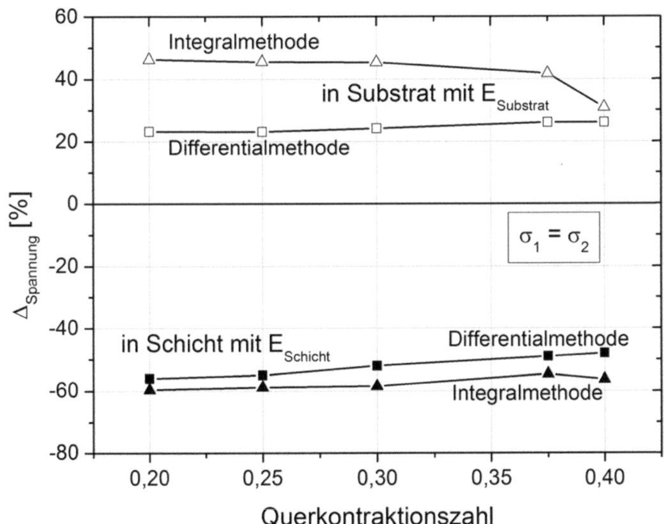

Abb. 5.9: Spannungsabweichung $\Delta_{Spannung}$ als Funktion der Querkontraktionszahl der Schicht $\nu_{Schicht}$ bei konstanter Querkontraktionszahl des Substrats ($\nu_{Substrat}$ = 0,3) für einen Schichtverbund mit χ = 0,3, t_c = 250 µm; Auswertung mit der Differentialmethode und mit der Integralmethode unter Verwendung von ν = 0,3 und $E_{Schicht}$ für die Schicht und $E_{Substrat}$ für das Substrat, Spannungszustand $\sigma_1 = \sigma_2$

Es ist gut zu erkennen, dass die Spannungsabweichung $\Delta_{Spannung}$ unabhängig von der gewählten Auswertemethode nur unwesentlich von der Querkontraktion abhängt. Die Höhe der Spannungsabweichung wird vielmehr durch die Schichtdicke und das E-Modulverhältnis bestimmt. Sie beträgt 22% im Substrat (Auswertung mit $E_{Substrat}$) und 56 % in der Schicht (Auswertung mit $E_{Schicht}$). Unterschiede in der Querkontraktion führen lediglich zu geringfügigen Abweichungen von ±2% ausgehend von diesem Niveau. Somit kann der Einfluss der Querkontraktion auf die Spannungsauswertung im Weiteren vernachlässigt werden und es ist ausreichend, wenn für die Weiterentwicklung der Auswertemethoden und auch für die fallspezifischen Kalibrierkurven ausschließlich die normierte Schichtdicke und das E-Modulverhältnis betrachtet werden.

5.3 Fallspezifische Kalibrierkurven

Wie in Kapitel 2.3.2 beschrieben, werden für die Auswertung der gemessenen Dehnungsauslösungen zur Bestimmung der Eigenspannungstiefenprofile Kalibrierkurven benötigt. Diese Kalibrierkurven sind für nicht schichtweise aufgebaute Proben mit einem isotropen, elastischen Materialverhalten materialunabhängig. Für alle anderen Materialien sowie für alle Fälle bei denen mindestens eine Randbedingung der Bohrlochmethode verletzt wird (vgl. Abschnitt 2.3.3), können fallspezifische Kalibrierkurven bestimmt werden. Auf diese Weise können Eigenspannungstiefenverläufe zuverlässig bestimmt werden. Fallspezifische Kalibrierkurven wurden an Schichtverbunden schon erfolgreich verwendet. Allerdings wurden dabei ausschließlich die Eigenspannungen in der Schicht bis zum Interface bestimmt. Die Spannungen im Substrat wurden in diesen Fällen nicht betrachtet [80], [81]. Nichtsdestotrotz haben fallspezifische Kalibrierkurven das Potenzial, nicht nur in der Schicht sondern auch über das Interface hinaus im Substrat zuverlässig Eigenspannungstiefenverläufe zu bestimmen. Die fallspezifische Kalibrierung kann sowohl für die Differentialmethode als auch für die Integralmethode durchgeführt werden.

Die simulierten Dehnungsauslösungen für das Modellschichtsystem mit χ = 0,3 und t_c = 250 µm (Abb. 4.5) wurden mit fallspezifisch berechneten Kalibrierkurven und nicht wie zuvor mit Kalibrierkurven, die in den Standardprogrammen für homogene Werkstoffzustände verfügbar sind, ausgewertet. Die so ausgewerteten Spannungstiefenverläufe wurden wiederum dem anfangs in der Simulation aufgeprägten Spannungszustand gegenübergestellt, analog der in Abb. 4.6 vorgestellten Vorgehensweise.

Bei der Berechnung der Kalibrierkurven wurden die unterschiedlichen E-Moduln von Schicht und Substrat und die Schichtdicke berücksichtigt. Die Querkontraktionszahlen von Schicht und Substrat waren in diesem Beispiel identisch. Die Auswertung wurde durchgeführt mit Hilfe eines am Institut entwickelten MATLAB-Programms, in dem die Differential- und die Integralmethode implementiert sind [106], [107]. Das Programm bietet im Gegensatz zu den kommerziell erhältlichen Programmen die Möglichkeit, eigene, fallspezifische Kalibrierdaten einzubinden.

Das Ergebnis ist in Abb. 5.10 im Vergleich zu den in der Simulation aufgeprägten Spannungen sowohl für die Integralmethode (Abb. 5.10 (a)) als auch für die Differentialmethode (Abb. 5.10 (b)) dargestellt. Es ist deutlich zu sehen, dass der Spannungszustand durch Verwendung der fallspezifisch gerechneten Kalibrierkurven unabhängig von der Auswertemethode zuverlässig wiedergegeben werden kann.

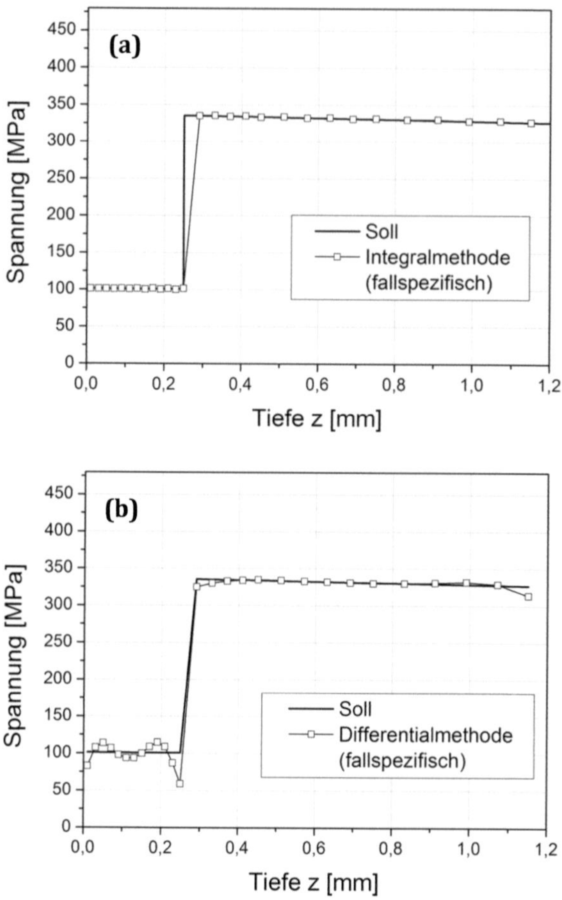

Abb. 5.10: Auswertung mit fallspezifischen Kalibrierkurven (a) Integralmethode (b) Differentialmethode für einen Modell-Schichtverbund mit χ = 0.3 und t_c = 250 µm (D_0 = 1,8 mm), Spannungszustand $\sigma_1 = \sigma_2$

Die leichten Abweichungen bei der Differentialmethode sind auf die Datenkonditionierung zurückzuführen. Zur Berechnung der Ableitung der Dehnungsauslösung wird die gemessene, bzw. hier die gerechnete, Dehnungsauslösung jeweils im Bereich der Schicht und im Bereich des Substrats an ein Polynom 5. Grades gefittet, von dem anschließend die Ableitung gebildet wird. Diese Prozedur führt auch bei homogenen Werkstoffen und konstantem Spannungszustand zu leichten Schwankungen der berechneten Spannung um den nominellen Wert, wie sie auch hier in Abb. 5.10 (b) zu beobachten sind. Trotzdem wird der Spannungszustand in dem Schichtverbund qualitativ und quantitativ sehr gut wiedergegeben. Bei Schichtverbunden und den dabei auftretenden hohen Spannungsgradienten am Interface ist zusätzlich zu beachten, dass die Datenkonditionierung in Schicht und Substrat unabhängig voneinander jeweils durch ein Polynom vorgenommen werden sollte. Ansonsten können starke Spannungsgradienten, die durch die sprunghafte Änderung der elastischen Konstanten entstehen, nicht ausreichend verlässlich abgebildet werden. Zusammenfassend lässt sich sagen, dass fallspezifische Kalibrierkurven wie erwartet eine Möglichkeit sind, um Eigenspannungstiefenprofile zuverlässig zu bestimmen.

5.4 Fallspezifische Kalibrierung bei Abweichungen im Schichtaufbau

Die Berechnung von fallspezifischen Kalibrierkurven ist rechenaufwendig und die Kenntnis des genauen Schichtaufbaus, wie zum Beispiel der elastischen Konstanten, ist entscheidend für die Zuverlässigkeit der ermittelten Eigenspannungen. Wie in Kapitel 2.5 dargestellt, kann der E-Modul von Schichtsystemen in vielen Fällen nicht genau bestimmt sondern lediglich abgeschätzt werden. Gleichzeitig entspricht der Schichtaufbau von realen Schichtsystemen, wie zum Beispiel bei thermisch gespritzten Schichten, nicht immer exakt dem Aufbau des Simulationsmodells. Thermisch gespritzte Schichten weisen im Allgemeinen keine ideal glatte Oberfläche und kein absolut planares Interface auf. Je nach Anwendung werden Zwischenschichten, wie Haftvermittlerschichten, in das Schichtsystem eingefügt, um zum Beispiel die Haftung der Schichten auf dem Substrat zu verbessern. Auch von einem absolut planaren Interface kann bei thermisch gespritzten Schichten nicht, wie bei anderen Beschichtungsverfahren wie Galvanik, PVD oder Vernickeln, ausgegangen werden, da vor dem Abscheiden der Schicht die Oberfläche des Substrats, wie in Kapitel 2.1 beschrieben, aufgeraut wird, um eine ausreichende Haftung der Schicht garantieren zu können. Die Rauheit des Interfaces kann wie an der thermisch gespritzten Beispielschicht aus Abschnitt 0 zusehen im Bereich von mittleren Rautiefen R_z bis zu etwa 80 µm liegen.

Im Folgenden soll zunächst der Einfluss von Unsicherheiten bei der Bestimmung der elastischen Konstanten und der Schichtdicke und anschließend der Einfluss von Zwischenschichten und der Interfacerauheit auf die Spannungsauswertung bei Verwendung von fallspezifischen Kalibrierkurven simulativ untersucht werden.

5.4.1 Abweichungen bei den elastischen Konstanten und der Schichtdicke

Exemplarisch an zwei Beispielen soll nun gezeigt werden, wie sich eine ungenaue Kenntnis des Schichtaufbaus und der elastischen Konstanten auf die Zuverlässigkeit der Auswertung der Dehnungsauslösung mit fallspezifischen Konstanten auswirkt. Hierfür wurde die Dehnungsauslösung auf Grund einer von außen aufgeprägten Spannung für zwei weitere Schichtverbunde simuliert. Anschließend wurden diese Dehnungsauslösungen mit den fallspezifischen Kalibrierdaten, die für das Modellschichtsystem χ = 0,3 und t_c = 250 µm berechnet wurden, ausgewertet und mit der am Anfang in der Simulation aufgeprägten Spannung verglichen. Der erste simulierte Schichtverbund hatte abweichend zum Schichtsystem, für das ursprünglich die Kalibrierdaten bestimmt wurden, ein E-Modulverhältnis von 0,4 an Stelle von 0,3. Der zweite untersuchte Schichtverbund verfügte im Gegensatz zum kalibrierten Schichtsystem über eine höhere Schichtdicke von 290 µm an Stelle einer Schichtdicke von 250µm. Die Schichtparameter der auszuwertenden Schichtsysteme sind im Vergleich zum Schichtsystem der Kalibrierung nochmals in Tabelle 5.1 zusammengefasst.

Tabelle 5.1: Verwendete Schichtparameter zur Bestimmung der fallspezifischen Kalibrierkurve im Vergleich zu den auszuwertenden Schichtsystemen mit abweichenden Werten für χ und t_c

	Fallspezifische Kalibrierdaten berechnet für	**Auszuwertendes Schichtsystem**	
		Fall 1: χ abweichend	Fall 2: t_c abweichend
Schichtdicke t_c	250 µm	250 µm	**290 µm**
$E_{Schicht}/E_{Substrat}\ \chi$	0,3	**0,4**	0,3

Die Auswertung ist beispielhaft für die Integralmethode dargestellt. Abb. 5.11 zeigt, wie sich bei Auswertung der Dehnungsauslösung des ersten Schichtsystems ein abweichendes E-Modulverhältnis auf die Spannungsauswertung auswirkt. Die Schichtdicke betrug bei beiden Datensätzen 250 µm. Das Spannungsprofil wird trotz der unterschiedlichen E-Modul-Verhältnisse des ausgewerteten Schichtverbundes und des Schichtverbundes der Kalibrierung qualitativ gut wiedergegeben. Allerdings wird der Spannungszustand in der Schicht um 20% überschätzt, während es im Substrat um 10% unterschätzt wird. Je nach Anwendungsfall kann diese Abweichung eventuell toleriert werden, trotzdem muss festgestellt werden, dass fallspezifische Kalibrierkurven nur in einem sehr eingegrenzten χ-Bereich verwendet werden können. Ansonsten müssen neue Kalibrierdaten über FE-Simulationen berechnet werden.

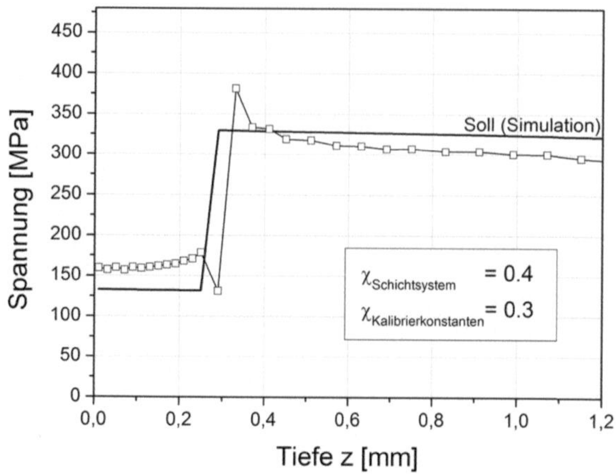

Abb. 5.11: Spannungsverteilung berechnet mit der Integralmethode unter Verwendung von fallspezifischen Kalibrierkurven mit verändertem E-Modulverhältnis χ gegenüber dem FE-Modell zur Simulation der Dehnungsauslösung im Vergleich zur Soll-Spannung der FE-Simulation, Spannungszustand $\sigma_1 = \sigma_2$

Ähnliche Abweichungen können für die Schichtdicke beobachtet werden, wie in Abb. 5.12 am Beispiel des zweiten Schichtverbundes mit veränderter Schichtdicke bei gleichbleibendem E-Modulverhältnis zu sehen ist. Die veränderte Schichtdicke beeinflusst auch die Auswertung der Dehnungsauslösung (vgl. Abb. 5.12). Ist die Schichtdicke des untersuchten Schichtsystems 40 µm größer als die für die Berechnung der Kalibrierkurven verwendete Schichtdicke, wie bei diesem Beispiel, so führt dies für das betrachtete Schichtsystem mit $\chi = 0{,}3$ zu einer Überschätzung des Spannungsniveaus von 10% sowohl im Bereich der Schicht als auch im Bereich des Substrats. Der Spannungstiefenverlauf wird qualitativ gut abgebildet mit Ausnahme des direkten Interfacebereichs. Hier kann es durch den Spannungsgradienten und den Knickpunkt im Dehnungsverlauf zu numerischen Ausreißern kommen.

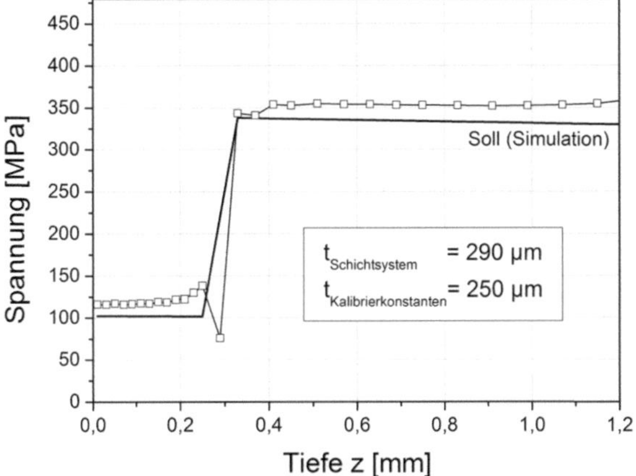

Abb. 5.12: Spannungsverteilung berechnet mit der Integralmethode unter Verwendung von fallspezifischen Kalibrierkurven mit veränderter Schichtdicke t_c gegenüber dem FE-Modell zur Simulation der Dehnungsauslösung im Vergleich zur Soll-Spannung der FE-Simulation, Spannungszustand $\sigma_1 = \sigma_2$

Es bleibt festzuhalten, dass die Schichtparameter, wie Schichtdicke und E-Modulverhältnis, möglichst genau bekannt sein müssen, um die fallspezifische Kalibrierung erfolgreich anwenden zu können. Das veränderte E-Modulverhältnis von 0,3 auf 0,4 entspricht bei einem konstanten E-Modul des Substrats von 210 GPa einem um 21 GPa (33%) höheren E-Modul des Substrats. Der Schichtdickenunterschied zwischen dem Schichtverbund der Kalibrierung und dem auszuwertenden Schichtverbund beträgt 16%. Beide Änderungen sowohl der Schichtdicke als auch des E-Modulverhältnisses führen schon zu einem signifikanten Fehler.

Anhand der Beispiele ist zu sehen, dass schon bei geringen Abweichungen der Schichtparameter von lediglich ±15% die Kalibrierkurven neu berechnet werden sollten, wenn die Spannungsabweichungen $\Delta_{Spannung}$ weiterhin unterhalb von 10% liegen sollen. Dargestellt wurden hier ausschließlich Ergebnisse von Simulationsdaten. Die auftretenden Spannungsabweichungen zwischen der nominellen und der über die simulierten Dehnungsauslösungen berechneten Spannungen können ausschließlich auf die Auswertung mit nicht korrekten Kalibrierkurven zurückgeführt werden. In der experimentellen Praxis würde der Fehler noch von Meßwertstreuungen überlagert werden. Die Spannungstiefenverläufe wurden jeweils unter Verwendung der Integralmethode berechnet, da hier die Bestimmung der Kalibrierkurven im Vergleich zur Differentialmethoden um ein Vielfaches aufwendiger ist und somit ein großes Interesse besteht, den Einfluss von leichten Abweichungen bei den Parametern auf die Eigenspannungsauswertung zu kennen.

5.4.2 Zwischenschichten

In vielen Schichtverbunden werden Zwischenschichten, zum Beispiel zur Haftvermittlung, eingesetzt. In diesem Fall ist der Schichtverbund kein Zweischichtsystem mehr, sondern besteht aus drei unterschiedlichen Materialien, wobei die Zwischenschicht in vielen Fällen von ihren mechanischen und thermischen Eigenschaften zwischen denen der Schicht und des Substrats liegt. Die Zwischenschichten zur Haftvermittlung haben häufig nur eine sehr geringe Schichtdicke von 5 bis 20 µm, während bei Wärmedämmschichtsystemen Zwischenschichten mit Schichtdicken um 100 µm zum Einsatz kommen. Daher stellt sich die Frage, ab welcher Dicke die Zwischenschicht bei der Auswertung zu berücksichtigen ist und wann diese vernachlässigt werden kann. Für die Betrachtung der Zwischenschichten wurde von zwei glatten Interfaces mit idealer Haftung ausgegangen. Dem Modellschichtsystem mit $E_{Schicht}$ = 63 GPa und $E_{Sustrat}$ = 210 GPa wurde eine Zwischenschicht mit einem E-Modul $E_{Interlayer}$ = 150 GPa, welcher in etwa dem Mittelwert der E-Moduln von Schicht und Substrat entspricht, hinzugefügt.

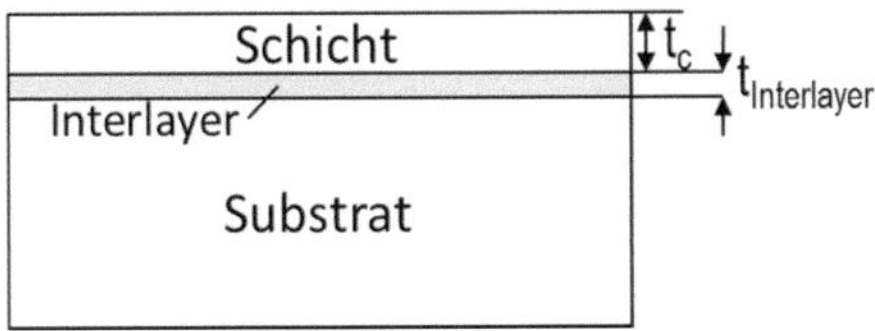

Abb. 5.13: Schematischer Aufbau des Schichtsystems mit Zwischenschicht

Der genaue Aufbau des Schichtsystems ist in Abb. 5.13 dargestellt. Die Dicke der Deckschicht t_c betrug 250 µm. Variiert wurden in der Simulation zunächst die Dicke der Zwischenschicht $t_{Interlayer}$ (Abb. 5.13).

Die für das Mehrschichtsystem simulierten Dehnungsauslösungen wurden unter Vernachlässigung der Zwischenschicht mit fallspezifischen Kalibrierkurven des Schichtverbundes ohne Zwischenschicht, d.h. $t_c = 250$ µm und $\chi = 0{,}3$, ausgewertet. Abb. 5.14 zeigt die prozentuale Spannungsabweichung $\Delta_{Spannung}$ in der (Deck-)Schicht und im Substrat bei Auswertung der Dehnungsauslösung mit der Differentialmethode. In der Schicht steigt die Spannungsabweichung wie erwartet mit zunehmender Dicke der Zwischenschicht von unter 3% bei $t_{Interlayer} = 10$ µm bis zu einer Abweichung von 11% bei $t_{Interlayer} = 110$ µm deutlich an. Die Spannungsabweichung im Substrat wird kaum durch die Zwischenschicht beeinflusst und beträgt unabhängig von der Dicke der Zwischenschicht im Bereich der hier betrachteten Variation stets weniger als 2%.

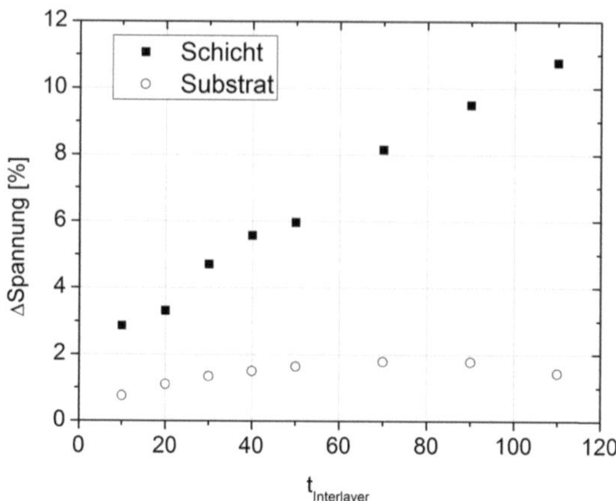

Abb. 5.14: Einfluss der Dicke des Interlayers auf die Spannungsabweichung bei der Differentialmethode, fallspezifische Kalibrierung unter Vernachlässigung des Interlayers, $E_{Interlayer}$ = 150 GPa, χ = 0,3, $t_k = t_c$ = 250 µm, Spannungszustand $\sigma_1 = \sigma_2$

Die Höhe der Spannungsabweichung, die aus der Vernachlässigung des Interfaces resultiert, hängt zusätzlich noch vom E-Modul der Zwischenschicht ab, wie aus Abb. 5.15 für die Anwendung der Differentialmethode ersichtlich ist. Wird mit einer Kalibrierschichtdicke t_k gleich der Schichtdicke der Deckschicht t_c ausgewertet, nimmt die Spannungsabweichung in der Schicht ab, je näher der E-Modul der Zwischenschicht dem E-Modul des Substrates kommt. Das heißt $\Delta_{Spannung}$ sinkt, je ähnlicher der Aufbau des Mehrschichtverbunds dem Aufbau des Schichtverbunds der Kalibrierung ist (vgl. Abb. 5.15 oben). Dies gilt auch, wenn stattdessen als Kalibrierschichtdicke t_k die Dicke der Deckschicht t_c plus die Dicke der Zwischenschicht $t_{Interlayer}$ $(t_k = t_c + t_{Interlayer})$ verwendet wird. In diesem Fall steigt die Spannungsabweichung je geringer der Unterschied zwischen Substrat- und Interlayer-E-Modul ist (vgl. Abb. 5.15 unten). Die Spannungsabweichung im Substrat wird durch die Zwischenschicht weitaus weniger beeinflusst als in der Schicht. Im Substrat ist $\Delta_{Spannung}$ in allen untersuchten Fällen kleiner als 2%.

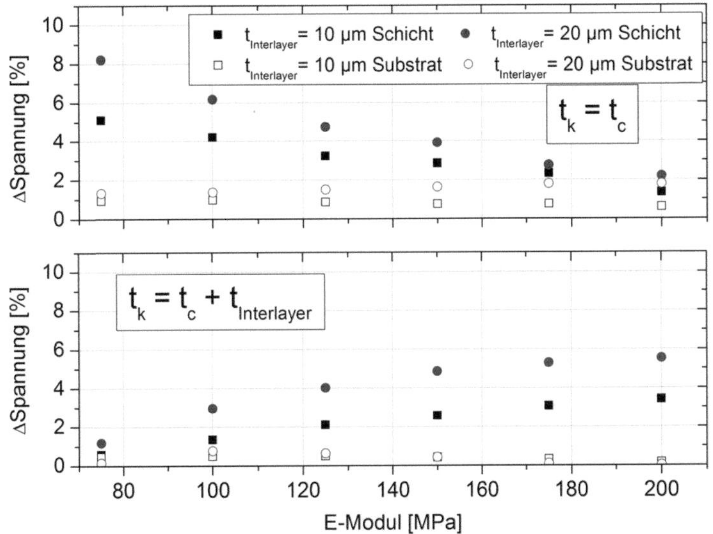

Abb. 5.15: Einfluss des E-Moduls des Interlayers auf die Spannungsabweichung bei der Differentialmethode, fallspezifische Kalibrierung unter Vernachlässigung des Interlayers, t_c = 250 µm, χ = 0,3; oben $t_k = t_c$, unten $t_k = t_c + t_{Interlayer}$, Spannungszustand $\sigma_1 = \sigma_2$

Die Ergebnisse zeigen, dass analog zu Schichtsystemen mit geringen Schichtdicken (Kapitel 5.2.2) bei Mehrschichtsystemen Zwischenschichten mit Schichtdicken kleiner als 30 µm bei der Auswertung der Dehnungsauslöung vernachlässigt werden können. Das Schichtsystem kann hierbei weiterhin als ein System mit nur einer Schicht betrachtet werden. Die Schichtdicke des FE-Modells für die Kalibrierung sollte dabei jeweils so gewählt werden, dass das Mehrschichtsystem dem Kalibrierschichtsystem möglichst ähnlich ist. Ähneln die elastischen Eigenschaften der Zwischenschicht denen der Deckschicht, so ist der Fehler geringer, wenn die Zwischenschicht als Teil der Schicht angesehen wird. Ähneln die Eigenschaften der Zwischenschicht eher dem Substrat, so ist die Spannungsabweichung kleiner, wenn die Zwischenschicht als Teil des Substrats betrachtet wird. Die hier gezeigten Ergebnisse für die Differentialmethode, können direkt auf die Integralmethode übertragen werden.

Bei Zwischenschichten mit Schichtdicken größer als 30 µm ist es notwendig, fallspezifische Kalibrierdaten unter Berücksichtigung der Zwischenschicht für das Mehrschichtsystem zu berechnen. Werden diese fallspezifischen Kalibrierkurven berechnet, so können nicht nur die Eigenspannungen an Zweischichtsystemen, sondern auch an beliebigen Mehrschichtsystemen zuverlässig und exakt bestimmt werden. Ein Beispiel hierfür zeigt Abb. 5.16. Die an den beiden Interfaces auftretenden Spannungssprünge werden beide durch die Auswertung mit der Integralmethode und fallspezifisch berechneten Kalibrierkurven zuverlässig abgebildet.

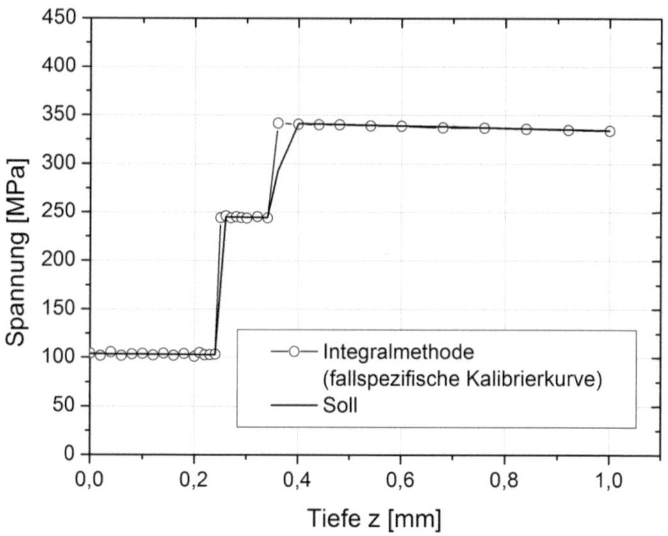

Abb. 5.16: Fallspezifische Auswertung (Integralmethode) eines 3-Schichtsystems mit $t_{c,1}$ = 250 µm und E_1 = 63 GPa, $t_{c,2}$ = 100 µm und E_2 = 150 GPa, $E_{Substrat}$ = 210 GPa sowie einem Bohrlochdurchmesser D_0 = 1.8 mm, Spannungszustand $\sigma_1 = \sigma_2$

5.4.3 Rauheit am Interface

Um den Einfluss der Interfacerauheit auf die Eigenspannungsbestimmung mit der inkrementellen Bohrlochmethode zu simulieren, wurden den einzelnen Elementen in Abhängigkeit von der (x,y,z) Position unterschiedliche elastische Konstanten zugeordnet, um so ein raues Interface zu simulieren. Der Verlauf des Interfaces wurde durch eine Sinus-Funktion dargestellt.

$$t_c = t_m + A_{Interface} \sin Jx \sin Jy \tag{5.1}$$

Hier ist t_m die mittlere Schichtdicke, $A_{Interface}$ die Amplitude und J die Periodizität. Diese Annahme ist in erster Näherung gerechtfertigt, wenn man zum Beispiel das Schliffbild einer thermisch gespritzten Aluminium-Schicht mit einer dem Interface überlagerten Sinus-Funktion (siehe Abb. 5.17) betrachtet.

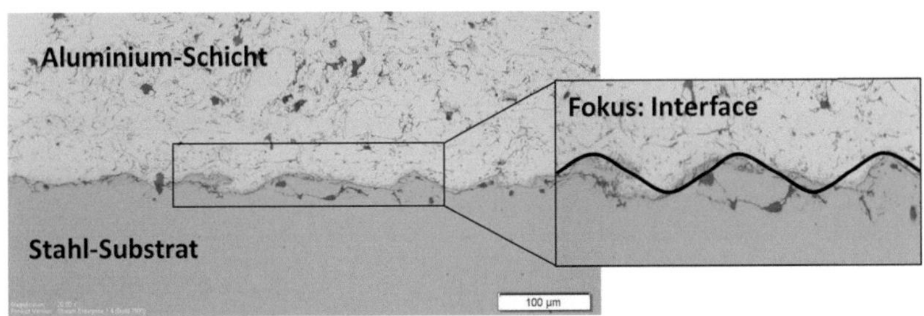

Abb. 5.17: Interface einer thermisch gespritzten Aluminium-Schicht auf Stahl (S690QL) – Substrat, im Fokus: Überlagerung einer Sinus-Funktion

Durch die Vernetzung des Modells mit Hexaederelementen wird die Rauheit im FE-Modell allerdings nicht als kontinuierliche, sondern als treppenförmige Funktion abgebildet (vergleiche Abb. 5.18).

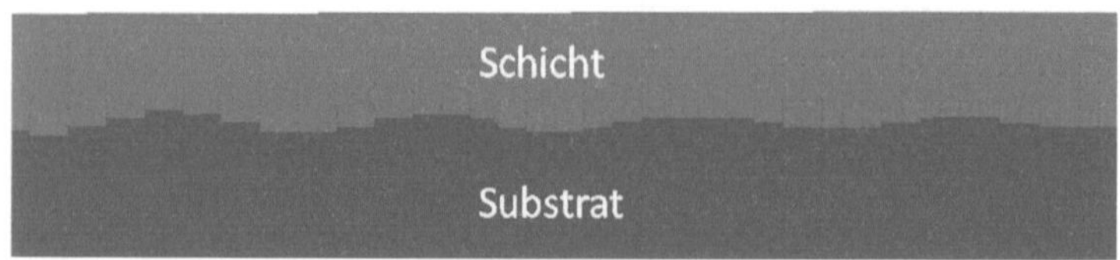

Abb. 5.18: Modellierung des Interfaces in der FE-Simulation. Das Interface wird treppenförmig angenähert

Zunächst wurde wieder das Modellsystem aus den vorherigen Kapiteln mit einer Schichtdicke von $t_c = 250$ µm und einem E-Modulverhältnis $\chi = 0{,}3$ simuliert. Allerdings wurde zusätzlich die Rauheit am Interface eingefügt. Die mittlere Schichtdicke t_m betrug 250 µm. Das Interface hatte eine Amplitude $A_{Interface}$ von 50 µm. Dies würde einem R_z-Wert von 100 µm entsprechen (vgl. Abb. 5.19 (a)).

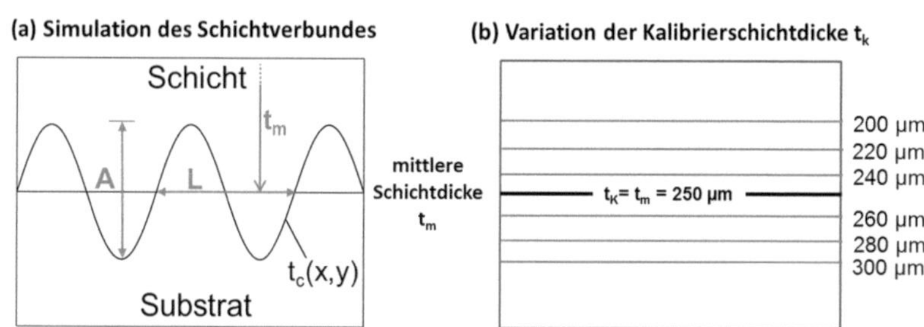

Abb. 5.19: (a) Simulation des Modelschichtverbundes unter Berücksichtigung der lokal unterschiedlichen Schichtdicken durch Annäherung mit einer Sinus-Funktion (b) FE-Simulation zur Berechnung der Kalibrierkurven unter der Annahme eines glatten Interfaces, d.h. unter Vernachlässigung der Interfacerauheit

Die Auswertung der für diesen Schichtverbund simulierten Dehnungsauslösungen erfolgte mit der Differentialmethode mit fallspezifischen Kalibrierkurven unter der Annahme eines glatten Interfaces. Dabei wurde für die Berechnung der Kalibrierkurve in der Simulation die Schichtdicke t_k zwischen 200 µm, dies entspricht dem Anfang der Interfaceregion, und

300 µm, das entspricht dem Ende der Interfaceregion des betrachtetem Schichtsystems, variiert (vgl. Abb. 5.19). Auf diese Weise konnte einerseits der Einfluss der Bestimmung der Schichtdicke, die für reale Schichtsysteme mit einer Rauheit am Interface nicht immer eindeutig ist, und andererseits der Einfluss der Interfacerauheit auf die Spannungsauswertung untersucht werden.

Abb. 5.20 zeigt das Ergebnis der ausgewerteten Dehnungsauslösung des Schichtverbundes mit einer Interfacerauheit $A_{Interface}$ = 50 µm bei einer Variation der verwendeten Kalibrierschichtdicke t_k. Es ist deutlich erkennbar, dass die Wahl, bzw. die Bestimmung der Schichtdicke, einen wesentlichen Einfluss auf das Ergebnis der Spannungsauswertung hat. Wird also nur der Bereich, in dem ausschließlich Schichtmaterial vorhanden ist, als Schicht angesehen und somit eine Schichtdicke von 200 µm definiert, so werden die Eigenspannungen in der Schicht um 20% und im Bereich des Substrats um ungefähr 5% überschätzt. Im Gegensatz dazu werden die Eigenspannungen um ca. 15% in der Schicht und um etwas weniger als 5% im Bereich des Substrats unterschätzt, wenn als Schichtdicke das obere Limit, das heißt 300 µm, definiert werden. Außerdem wird der am Interface auftretende Spannungssprung in diesem Fall um bis zu 50 µm zu höheren Bohrtiefen verschoben. Verwendet man allerdings die mittlere Schichtdicke t_m als Kalibrierschichtdicke t_k, so wird nicht nur qualitativ, sondern auch quantitativ, der in der Simulation aufgeprägte Spannungszustand durch die Auswertemethode ausreichend wiedergegeben. Die mittlere Spannungsabweichung ist in der Schicht und im Substrat kleiner als 2%. Dies ist der Fall, obwohl die Rauheit des Interfaces für die Bestimmung der Kalibrierkurve vernachlässigt wurde.

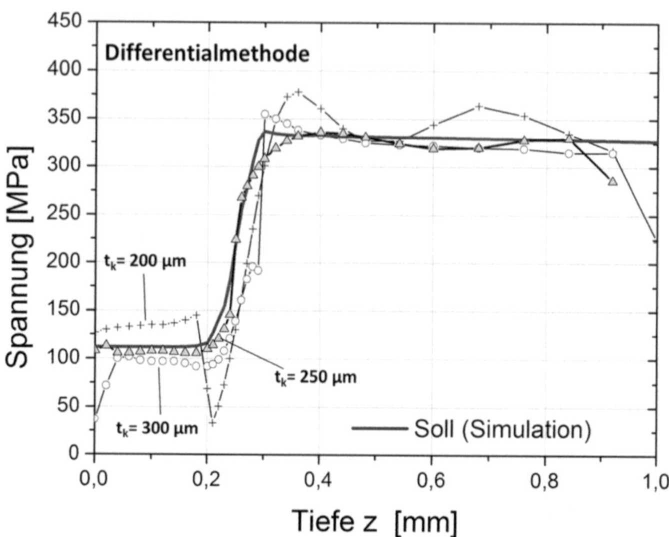

Abb. 5.20: Vergleich zwischen nomineller Spannung (Simulation) und ausgewerteter Spannung bei einem rauen Interface mit A=50µm/R_z=100µm, t_m=250µm, bei Verwendung der Differentialmethode und fallspezifischen Kalibrierkurven mit unterschiedlichen Schichtdicken, Annahme: planares Interface, Spannungszustand $\sigma_1 = \sigma_2$

Um den Einfluss der Wahl der Kalibrierschichtdicke auf die Spannungsauswertung systematisch zu untersuchen, wurde wiederum die Spannungsabweichung $\Delta_{Spannung}$ separat für den Schicht- und für den Substratbereich berechnet. Abb. 5.21 zeigt, dass unabhängig davon, ob die Spannungsabweichung in der Schicht oder im Substrat betrachtet wird, die Spannungsabweichung minimal, das heißt kleiner als 1%, ist, wenn die mittlere Schichtdicke für die Berechnung der Kalibrierkurven verwendet wird. In dem betrachtetem Schichtsystem mit t_c = 250 µm und χ = 0,3 hat die Wahl der Kalibrierkurve auf die Spannungsabweichung im Substrat nur einen geringen Einfluss. Die Abweichung der ausgewerteten Spannung zur Sollspannung der Simulation beträgt für die betrachteten Fälle stets weniger als 2%. Die Spannungsabweichung wird in der Schicht bei Kalibrierschichtdicken von 200 µm und 300 µm maximal und erreicht 20%. Dies bedeutet, dass die Interfacerauheit einen signifikanten Einfluss auf die Spannungswertung haben kann, wenn die Schichtdicke nicht korrekt bestimmt wird. Wird aber die aus komplementären, experimentellen Analysen zuverlässig bestimmte mittlere Schichtdicke t_m zur Berechnung der Kalibrierkurven verwendet, so ist nur ein sehr geringer Einfluss erkennbar.

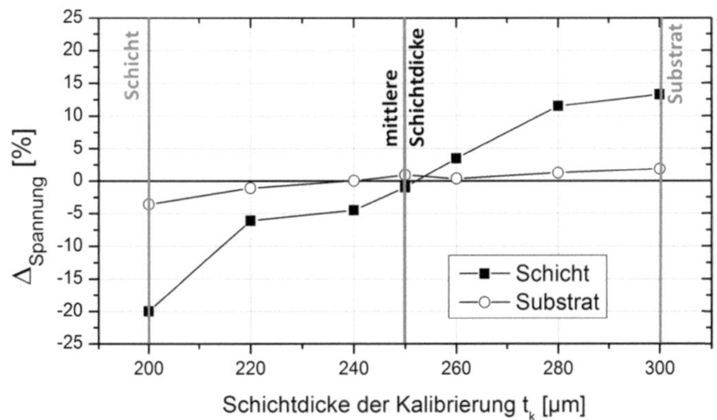

Abb. 5.21: Einfluss der Wahl der Kalibrierschichtdicke auf die Spannungsauswertung in Schicht und Substrat, bei einem rauen Interface mit $A_{Interface}$=50µm/R_z=100µm, t_m=250µm, bei Verwendung der Differentialmethode und fallspezifischen Kalibrierkurven, Annahme: planares Interface, Spannungszustand $\sigma_1 = \sigma_2$

In einem zweiten Schritt wurde in der Simulation die Amplitude der Interfacerauheit $A_{Interface}$ variiert. Dies entspricht einer Variation des R_z-Werts, zum Beispiel durch unterschiedliche Oberflächenvorbereitungen vor dem Beschichtungsprozess. Abb. 5.22 zeigt die ermittelten Spannungstiefenprofile beispielhaft für zwei Amplituden, $A_{Interface}$ = 10 µm und 80 µm. Für die Auswertung wurde jeweils die mittlere Schichtdicke unter Vernachlässigung der Interfacerauheit verwendet. Auch hier wurde mit der Differentialmethode ausgewertet. Der in der Simulation aufgeprägte Soll-Spannungszustand wird in beiden Fällen qualitativ gut wiedergegeben. Wie aus Abb. 5.23 ersichtlich, ist die Spannungsabweichung sowohl in der Schicht als auch im Substrat unabhängig von der Amplitude $A_{Inteface}$ immer kleiner als 2%. Die auftretenden Abweichungen in der Tiefe *z* gleich der mittleren Schichtdicke (Abb. 5.22), hier 250 µm, können auf die Datenkonditionierung bei der Differentialmethode zurückgeführt werden. Diese wird im Fall von Schichtsystemen getrennt für die Schicht und für das Substrat durchgeführt. Dadurch kann es direkt am Interface zu stärkeren Abweichungen bei den durch die Auswertung bestimmten Spannungen kommen. Auch die leichten Schwankungen um die Soll-Spannung können, wie im Kapitel 5.3 erläutert, auf die Datenkonditionierung bei der Differentialmethode zurückgeführt werden. Knickpunkte beim Übergang der Interfacezone in den Substratbereich werden leicht geglättet. Trotzdem wird der Spannungszustand, abgesehen von den Abweichungen im Bereich des Interfaces qualitativ und quantitativ jeweils gut wiedergegeben.

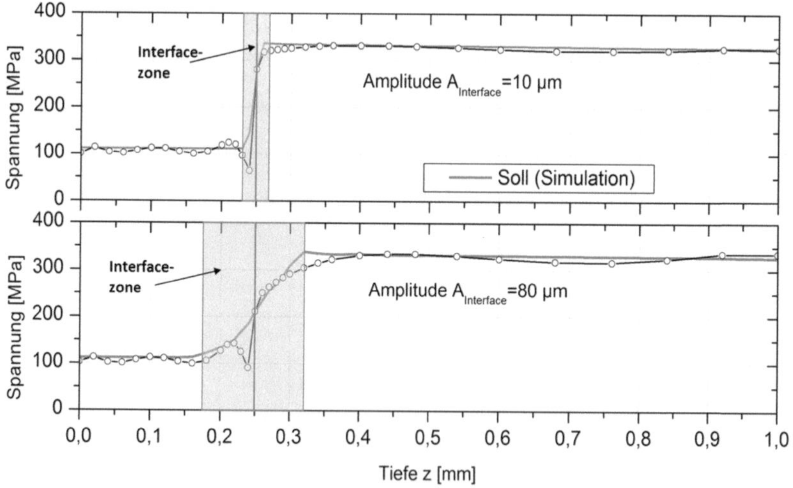

Abb. 5.22: Eigenspannungsermittlung am Beispielschichtverbund mit t_c = 250µm, χ =0.3 für zwei unterschiedliche Amplituden $A_{interface}$ =10 µm (oben) und $A_{interface}$ = 80 µm (unten). Auswertung mit der Differentialmethode und fallspezifischen Kalibrierkurven unter Annahme eines ideal glatten Interfaces, Spannungszustand $\sigma_1 = \sigma_2$

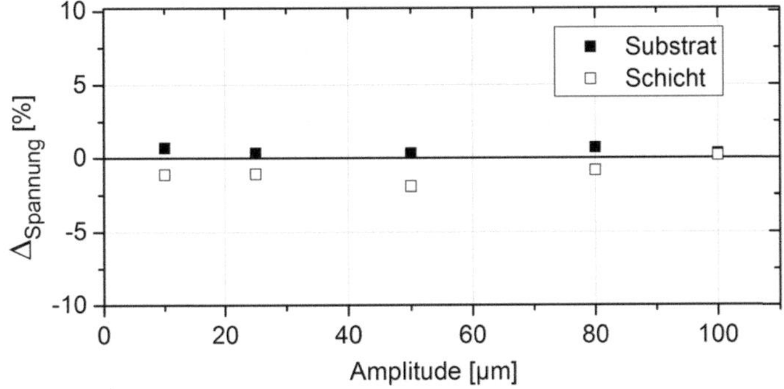

Abb. 5.23: Einfluss der Amplitude $A_{Interface}$ auf die Spannungsabweichung bei Verwendung der Differentialmethode und fallspezifischen Kalibrierkurven, Annahme: planares Interface und t_m, Spannungszustand $\sigma_1 = \sigma_2$

Die Ergebnisse zeigen, dass die Interfacerauheit bei der Spannungsauswertung für die hier betrachteten Variationen weitestgehend vernachlässigt werden kann, solange die Abstände der Rauspitzen- bzw. -täler deutlich geringer sind als der Bohrlochlochdurchmesser und für die Berechnung der Kalibrierkurven die mittlere Schichtdicke verwendet wird. Diese muss je nach Anwendungsfall durch komplementäre experimentelle Messungen, zum Beispiel Schliffbilder, bestimmt werden. Die Interfacerauheit muss dementsprechend in der FE-Simulation für Kalibrierzwecke nicht mit abgebildet werden. In diesem Abschnitt und auch bei der Betrachtung des Einflusses der Zwischenschichten auf Spannungsauswertung wurden ausschließlich Ergebnisse für Spannungszustände mit $\sigma_1 = \sigma_2$ betrachtet. Sowohl die Interfacerauheit als auch Zwischenschichten beeinflussen lediglich die lokale Steifigkeit des Gesamtsystems. Diese ist unabhängig vom Spannungszustand. Das heißt die Ergebnisse könne auch auf beliebige andere Spannungszustände mit $\sigma_1 \neq \sigma_2$ übertragen werden.

6 Weiterentwicklung der inkrementellen Bohrlochmethode auf Schichtverbunde

Die Simulationsergebnisse aus dem vorherigen Abschnitt haben gezeigt, dass zur Auswertung der gemessenen Dehnungsauslösungen bei Schichtverbunden bislang nur die Verwendung von fallspezifischen Kalibrierkurven zu qualitativ und quantitativ zuverlässigen Ergebnissen führt. Da die fallspezifische Berechnung dieser Kalibrierdaten einen hohen Rechenaufwand erfordert und zur Auswertung kommerzielle Programme nicht verwendet werden können, wird im Folgenden eine für Schichtverbunde erweiterte Auswertemethodik vorgestellt. Diese Methode baut auf den Standardmethoden unter Anwendung von Kalibrierfunktionen für homogene Werkstoffzustände auf. Sie kann flexibel für unterschiedlichste Schichtverbunde eingesetzt werden, ohne dass für jede Bohrlochmessung neue fallspezifische Kalibrierdaten berechnet werden müssen. Stattdessen ist es möglich, kommerziell erhältliche Auswerteprogramme, in denen die Standardmethoden implementiert sind, weiterhin zu verwenden.

6.1 Korrektur der Dehnungsdaten

In kommerziell erhältlichen Auswerteprogrammen, unabhängig davon ob sie die Integral- oder Differentialmethode verwenden, werden die Eigenspannungstiefenverläufe aus den gemessenen Dehnungsauslösungen berechnet, ohne dass der Schichtaufbau berücksichtigt wird. Wenn diese Auswerteprogramme weiterhin verwendet werden sollen, muss der Einfluss des Schichtaufbaus entweder vor oder nach der Spannungsauswertung berücksichtigt werden. Es bietet sich an direkt, die gemessenen Dehnungsauslösungen zu korrigieren. Dies bedeutet, dass der zusätzliche Einfluss der Auswertung, zum Beispiel durch die Datenkonditionierung, bei der Korrektur nicht berücksichtig werden muss. Der Ablauf der hier vorgestellten erweiterten Auswertemethodik ist schematisch in Abb. 6.1 dargestellt. Die modifizierte Auswertemethodik basiert auf einer Korrektur der gemessenen Dehnungsauslösung vor der eigentlichen Spannungsberechnung mit den Standardauswerteprogrammen.

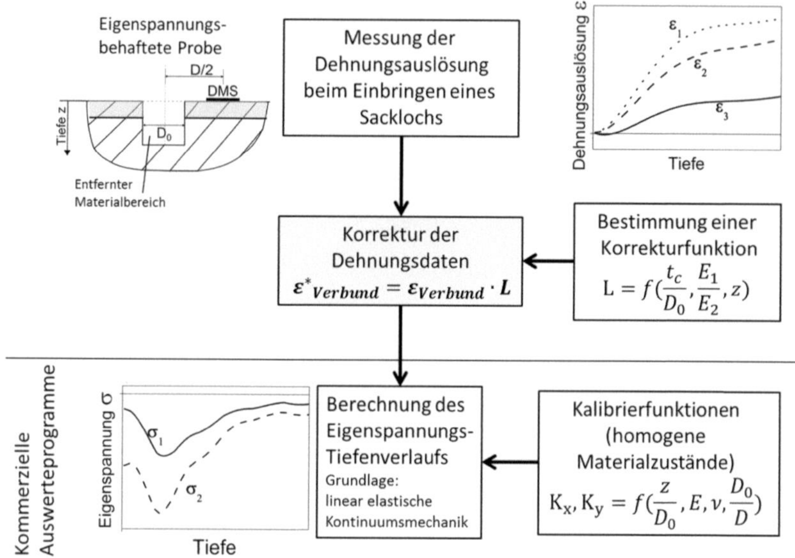

Abb. 6.1: Prinzip Schema – Auswertemethodik für Schichtverbunde durch Korrektur der Dehnungsdaten

Im Experiment werden am Schichtverbund die Dehnungsauslösungen $\varepsilon_{Verbund}$ gemessen. Die eingeführte Korrekturfunktion L wird im Gegensatz zur von Schwarz [69] vorgeschlagenen Korrekturfunktion M, die die ausgewerteten Spannungsergebnisse korrigiert, im Anschluss an die Messung direkt auf die Dehnungsauslösungen $\varepsilon_{Verbund}$ angewendet. Die Dehnungsauslösungen $\varepsilon_{Verbund}$ werden mit der Funktion L multipliziert und so hinsichtlich des Schichteinflusses korrigiert.

$$\varepsilon^{*}_{Verbund}(z) = \varepsilon_{Verbund}(z) \cdot L(z) \qquad (6.1)$$

Die auf diese Weise korrigierten Dehnungsauslösungen $\varepsilon^{*}_{Verbund}$ können im Anschluss unter Verwendung von Kalibrierfunktionen für homogene Materialzustände ausgewertet werden, so dass kommerziell erhältliche Auswerteprogramme hierfür weiterhin verwendet werden können. Im Weiteren wird zunächst die Dehnungskorrekter in Kombination mit der Differentialmethode genauer beschrieben, bevor auf die Unterschiede bei der Dehnungskorrektur unter Verwendung der Integralmethode eingegangen wird.

Die Korrekturfunktion L ist abhängig vom jeweiligen untersuchten Schichtverbund. Alle Schichtparameter, die die Dehnungsauslösung beim Bohren des Lochs beeinflussen, gehen auch in die Korrekturfunktion L ein. Das Verhältnis der Poissonszahlen ν_1/ν_2 hat nur einen sehr geringen Einfluss auf die Dehnungsauslösung (vgl. Abschnitt 5.1). Sowohl die Geometrie des Interfaces als auch dünne Zwischenschichten können bei geeigneter Wahl der Schichtdicke ebenfalls vernachlässigt werden (Abschnitte 5.4.2 und 5.4.3). Somit wurden diese Parameter bewusst bei der Bestimmung der Korrekturfunktionen nicht berücksichtigt. Der Bohrlochdurchmesser, bzw. das Verhältnis D/D_0 hat ebenfalls einen geringen Einfluss auf die Korrekturfunktion. Die Korrekturfunktionen in diesem und im folgenden Abschnitt werden für einen konstanten Bohrlochdurchmesser von 1,8 mm bestimmt. Der Einfluss des Bohrlochdurchmessers auf die Dehnungskorrektur wird anschließend im Abschnitt 6.3 genauer betrachtet. Somit hängt die hier vorgestellte Korrekturfunktion L ausschließlich von der normierten Schichtdicke $t_{c,n}$ und dem E-Modulverhältnis χ als Schichtparameter ab. Ebenso wie die Dehnungsauslösungen und Kalibrierdaten eine Funktion der gebohrten Tiefe sind, ist auch die hier eingeführte Korrekturfunktion eine Funktion der Tiefe.

Zur Berechnung von $L(t_{c,n}, \chi, z)$ müssen zuerst die Dehnungsauslösungen des Schichtverbundes $\varepsilon_{Verbund}$ sowie die Dehnungsauslösungen eines homogenen Materials $\varepsilon_{homogen}$ mit dem E-Modul $E_{Substrat}$ bestimmt werden. Dies kann durch Finite Element Simulation oder experimentell in einem Kalibrierversuch geschehen. Um Messwertstreuungen zu vermeiden, wurden in dieser Arbeit die Korrekturfunktionen ausschließlich simulativ bestimmt. Die Vorgehensweise bei der experimentellen Bestimmung entspricht aber der simulativen Vorgehensweise. Beide Dehnungsauslösungen, sowohl $\varepsilon_{Verbund}$ als auch $\varepsilon_{homogen}$, müssen anschließend auf den gleichen definierten Spannungszustand normiert werden.

Für die Simulation der Dehnungsauslösung des Schichtverbundes wurde im FE-Modell zunächst die Kraft über die beiden Außenflächen des Bohrlochmodells aufgeprägt. Hierbei stellt sich ein Spannungssprung am Interface ein (Abb. 4.5). Die Spannung im Modell zur Simulation der Dehnungsauslösung des homogenen Materialzustands bleibt in allen Tiefeninkrementen über den gesamten Bohrlochversuch konstant. Zur Bestimmung der Korrekturfunktion muss die Dehnungsauslösung auf eine einheitliche über die Tiefe konstante Spannung σ_{norm} normiert werden, um die Dehnungsauslösung eines Schichtverbundes mit der eines homogenen Werkstoffes vergleichen zu können:

$$\varepsilon_{j,n}^{D} = \sigma_{norm} \cdot \sum_{i=1}^{j} \frac{\varepsilon_i - \varepsilon_{i-1}}{\sigma_i} \qquad i < j \tag{6.2}$$

Dabei ist $\varepsilon_{j,n}^{D}$ die normierte Dehnungsauslösung nach dem Bohrinkrement *j*, σ_i die Spannung und ε_i die simulierte Dehnungsauslösung im Tieeninkrement *i*. Bei dieser Dehnungsnormierung wird die Dehnungsauslösung eines Tiefeninkrements $\Delta\varepsilon = \varepsilon_i - \varepsilon_{i-1}$ auf die in diesem Inkrement anliegende Spannung σ_i bezogen.

Abb. 6.2 zeigt die normierten Dehnungsauslösungen für einen homogenen Materialzustand mit E = 210 GPa und für den Beispielschichtverbund mit $t_{c,n}$ = 0,1388 und χ = 0,3. Im gezeigten Fall wurde eine Normierungsspannung σ_{norm} von 100 MPa gewählt. Die Dehnungsauslösungen können aber auch auf eine beliebige andere Spannung normiert werden. In der Simulation wurde sowohl am Schichtverbund als auch am homogenen Materialzustand jeweils ein rotationssymmetrischer Spannungszustand $\sigma_1 = \sigma_2$ aufgeprägt.

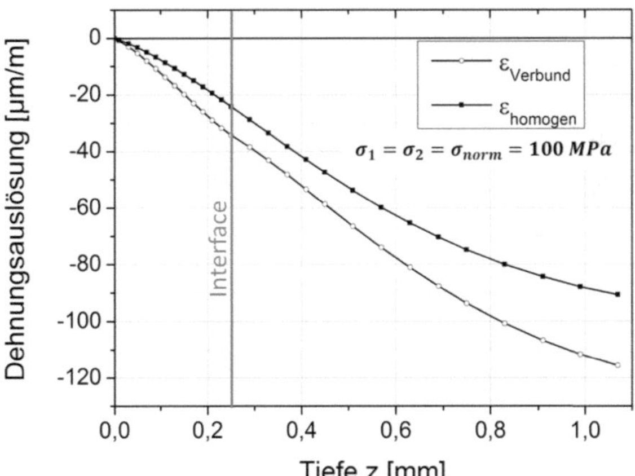

Abb. 6.2: Vergleich der Dehnungsauslösungen ε eines homogenen Materials (E=210 GPa) und des Beispielverbundes mit $t_{c,n}$ = 0,1388 und χ = 0,3 normiert auf σ_{norm} = 100 MPa zur Berechnung der Korrekturfunktion bei einer Lastaufprägung über die Modellaußenflächen

Die Korrekturfunktion $L(t_{c,n}, \chi, z)$ berechnet sich aus dem Verhältnis der Dehnungsauslösung des homogenen Materialzustands zur Dehnungsauslösung des Schichtverbundes bei gleicher Normierungsspannung σ_{norm}.

$$L(t_{c,n}, \chi, z) = \frac{\varepsilon_{homogen}(z)}{\varepsilon_{Verbund}(t_{c,n}, \chi, z)}; \qquad \sigma_{norm} = konst. \tag{6.3}$$

Abb. 6.3 verdeutlicht, dass L eine Funktion der Bohrlochtiefe z ist und im Bereich des Interfaces einen deutlichen Gradienten aufweist.

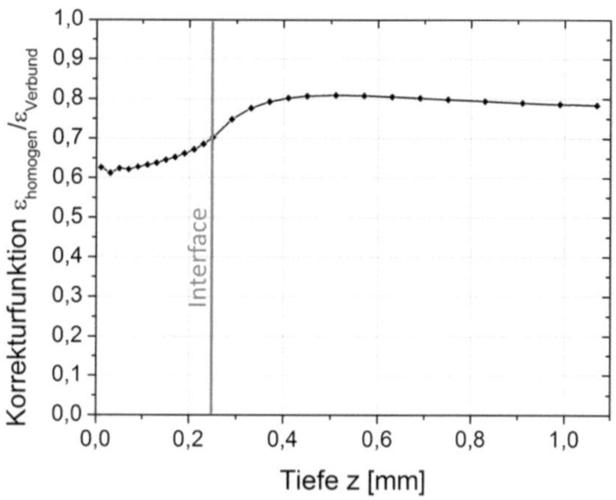

Abb. 6.3: Korrekturfunktion L(z) für einen Beispielschichtverbund mit $t_{c,n}$ = 0,1388 und χ = 0,3, bei Simulation der Dehnungsauslösung über die Modellaußenflächen

Solange sowohl für den homogenen Materialzustand als auch für den Schichtverbund bei der Simulation der Dehnungsauslösung das gleiche Spannungsverhältnis σ_1/σ_2 aufgeprägt wurde, ist die Bestimmung der Korrekturfunktion im Fall der Differentialmethoden unabhängig vom Spannungszustand. Sie kann zum Beispiel auch an einachsigen Spannungszuständen durchgeführt werden. Bei nicht rotationssymmetrischen Spannungszuständen müssen zusätzlich immer die Dehnungsauslösungen in den identischen Richtungen α bezüglich des Hauptspannungssystems verglichen werden. Mit der Funktion $L(t_{c,n}, \chi, z)$ können nun bei der Analyse von Schichtverbunden die „gemessenen" Dehnungsauslösungen $\varepsilon_{Verbund}$ nach Gleichung (6.1) korrigiert werden. Als Beispielschichtverbund soll wieder der Modellschichtverbund mit $\chi = 0{,}3$ und $t_c = 250\ \mu m$ dienen, dem in der Simulation ein rotationsymmetrischer Spannungszustand $\sigma_1 = \sigma_2$ aufgeprägt wurde (Abb. 4.5). Abb. 6.4 zeigt die resultierenden korrigierten Dehnungsauslösungen $\varepsilon^*_{Verbund}$ im Vergleich zu den ursprünglich simulierten Dehnungsauslösungen $\varepsilon_{Verbund}$.

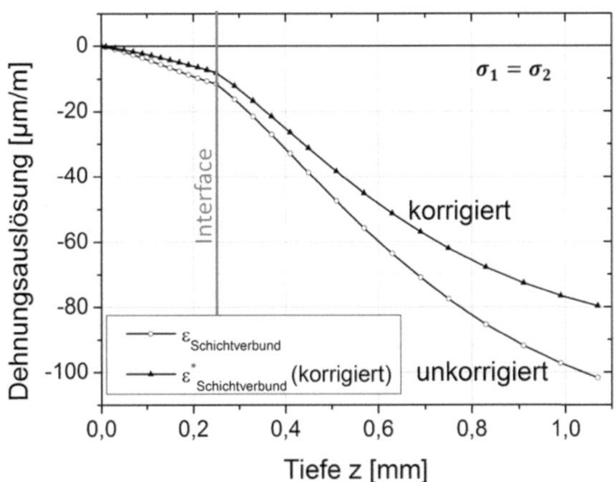

Abb. 6.4: Vergleich der um den Schichteinfluss korrigierten mit der „gemessenen" Dehnungsauslösung am Beispielsystem mit $t_{c,n} = 0{,}1388$ und $\chi = 0{,}3$, in der Simulation aufgeprägter rotationssymmetrischer Spannungszustand $\sigma_1 = \sigma_2 = 100$ MPa

Die korrigierten Dehnungsauslösungen $\varepsilon^*_{Verbund}$ können im Weiteren unter Verwendung von Kalibrierkurven für homogene Werkstoffe, wie sie in kommerziell erhältlichen Auswerteprogrammen hinterlegt sind, ausgewertet werden.

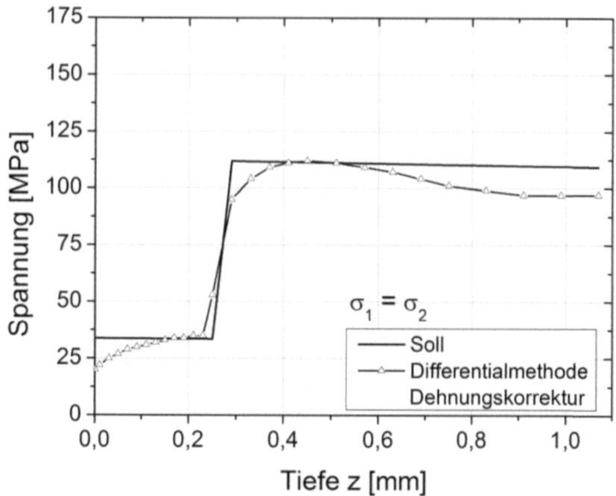

Abb. 6.5: Vergleich zwischen der aufgeprägter Spannung (Simulation) und der mit der Differentialmethode ausgewerteten Spannung nach erfolgter Dehnungskorrektur am Beispielschichtverbund mit $t_{c,n}$ = 0,1388 und χ = 0,3 bei einem rotationssymmetrischen Spannungszustand $\sigma_1 = \sigma_2$

Dabei entsprechen die notwendigen Eingangsdaten E und ν den elastischen Konstanten des zur Korrektur verwendeten homogenen Materials, in diesem Fall ist dies der E-Modul des Substrats E = 210 GPa und ν = 0,3.

Abb. 6.5 zeigt den nach der vorgeschlagenen Korrektur bestimmten Spannungstiefenverlauf im Vergleich zur in der Simulation aufgeprägten Spannung für den Modellschichtverbund bei Auswertung mit der Differentialmethode. Der Spannungsgradient am Interface wird ebenso wie bei der Verwendung von fallspezifisch berechneten Kalibrierkurven zuverlässig wiedergeben. Auch quantitativ werden Spannungen sowohl in der Schicht als auch im Substrat mit einer maximalen Abweichung der ausgewerteten von der aufgeprägten Spannung von 10 MPa abgebildet. Die geringen Abweichungen und der nicht lineare Verlauf der Spannungen im Substrat können auf die Datenkonditionierung und das Ableiten der Spannungen bei der Differentialmethode zurückgeführt werden. Direkt an der Oberfläche werden die Spannungen um etwa 10 MPa unterschätzt.

Sowohl die Berechnung der Korrekturfunktion als auch die Betrachtung des Beispielsystems wurde unter Verwendung eines rotationssymmetrischen Spannungszustands $\sigma_1 = \sigma_2$ durchgeführt. Die Korrekturfunktion $L(\chi, t_{c,n}, z)$ kann aber unabhängig vom Spannungszustand angewendet werden, da sie ausschließlich den Einfluss der unterschiedlichen elastischen Konstanten von Schicht und Substrat auf die Dehnungsauslösung in Abhängigkeit der Schichtdicke abbildet. Analog zur Funktion M, die von Schwarz [69] entwickelt wurde und als „Maß für den integral bis zu den einzelnen Tiefen wirksamem Elastizitätsmodul" [69] beschrieben wurde, ist die Funktion $L(\chi, t_{c,n}, z)$ somit ein Maß für die lokale Steifigkeit des Gesamtsystems und unabhängig vom Eigenspannungszustand des untersuchten Schichtsystems. Dies verdeutlichen Abb. 6.6 und Abb. 6.7. Dargestellt sind die Dehnungsauslösungen $\varepsilon_{Verbund}$ und deren Korrektur $\varepsilon^*_{Verbund}$ (Abb. 6.6) für einen einachsigen Spannungszustand, wiederum am Modellschichtsystem. Dabei wurde die verwendete Korrekturfunktion über einen rotationssymmetrischen Spannungszustand $\sigma_1 = \sigma_2$ berechnet. Der in der Simulation aufgeprägte und der über die weiterentwickelte Auswertemethodik aus den Dehnungsauslösungen berechnete Spannungszustand stimmen in beiden Hauptspannungsrichtungen mit einer Genauigkeit von etwa ±10 MPa analog wie beim rotationssymmetrischen Spannungszustand überein (vgl. Abb. 6.7).

Für die Bestimmung der Korrekturfunktion wurden bisher die Dehnungsauslösungen des Schichtverbundes durch Aufprägen einer Last auf die Außenflächen des FE-Modells simuliert. Die Dehnungsauslösung pro Tiefeninkrement wurde anschließend auf die im jeweiligen Inkrement vorliegende Spannung nach Gleichung (6.3) bezogen.

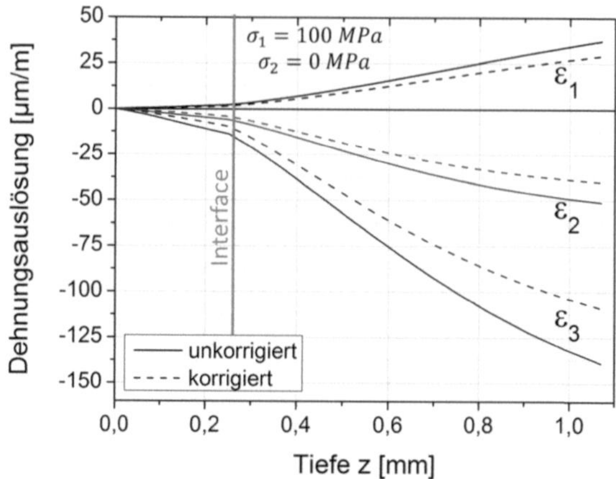

Abb. 6.6: Vergleich der um den Schichtaufbau korrigierten mit der unkorrigierten Dehnungsauslösung am Beispielsystem mit $t_{c,n}$ = 0,1388 und χ = 0,3, in der Simulation aufgeprägte einachsige Spannungszustand σ_x = 100 MPa, σ_y = 0 MPa

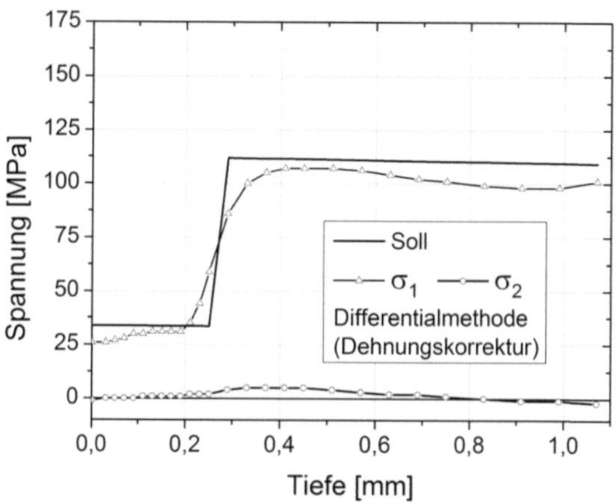

Abb. 6.7: Vergleich zwischen der aufgeprägter Spannung (Simulation) und der mit der Differentialmethode ausgewerteten Spannung nach Dehnungskorrektur am Beispielschichtverbund mit $t_{c,n}$ = 0,1388 und χ = 0,3 bei einem einachsiger Spannungszustand σ_1 = 100 MPa, σ_2=0 MPa

Diese Vorgehensweise entspricht im Wesentlichen der Grundannahme der Differentialmethode, dass zur gemessenen Dehnungsauslösung an der Oberfläche ausschließlich die Eigenspannungen im aktuell gebohrten Inkrement beitragen.

Bei anschließender Auswertung der auf diese Weise korrigierten Dehnungsauslösung mit der Differentialmethode, wie die Abb. 6.5 und Abb. 6.7 gezeigt haben, kann der in der Simulation aufgeprägt Spannungszustand gut abgebildet werden. Wird nun aber die Integralmethode zur Auswertung dieser Dehnungsauslösung verwendet, wird der Spannungszustand nach Anwendung der Dehnungskorrektur im Bereich der Schicht ebenfalls gut wiedergeben. In diesem Bereich ist die Abweichung der berechneten zur aufgeprägten Spannung kleiner als 2%, bzw. 2 MPa. Im Substrat wird in diesem Fall allerdings die Spannung im Gegensatz zur Differentialmethode deutlich um etwa 12,5%, das heißt etwa 20 MPa, überschätzt (Abb. 6.8).

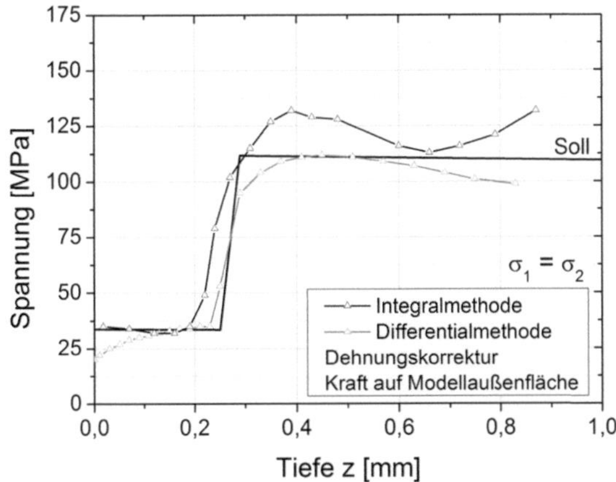

Abb. 6.8: Vergleich zwischen der aufgeprägten Spannung (Simulation) und der mit der Integral- und der Differentialmethode ausgewerteten Spannung nach Dehnungskorrektur am Beispielschichtverbund mit $t_{c,n}$ = 0,1388 und χ = 0,3 bei einem rotationssymmetrischen Spannungszustand $\sigma_1 = \sigma_2$; Bestimmung der Korrekturfunktion über Spannung auf Modellaußenfläche

Die in der Simulation berechnete Dehnungsauslösung ist bei Schichtverbunden abhängig von der Art der Lastaufprägung (vgl. Abschnitt 4.2). Alternativ zur Lastaufprägung über die Modellaußenflächen kann die Lastspannung ebenfalls über die Bohrlochinnenfläche aufgeprägt werden. Bis zum Interface sind bei beiden Methoden die berechneten Dehnungsauslösungen bei gleicher Spannung in der Schicht identisch. Bei Bohrlochtiefen größer der Schichtdicke stellt sich jedoch kontinuierlich mit jedem Tiefeninkrement, auf das eine Spannung aufgeprägt wird, ein neues Spannungsgleichgewicht ein. Dadurch ändert sich der Spannungszustand in allen vorher gebohrten Inkrementen. Hierdurch wird ebenfalls auch die Dehnungsauslösung des aktuellen Bohrinkrements beeinflusst. Die simulierte Dehnungsauslösung wird bei einer Lastaufprägung auf die Bohrlochinnenflächen auf die aufgeprägte Spannung σ_{norm} normiert:

$$\varepsilon_{j,n}^{I} = \frac{\varepsilon_j}{\sigma_{norm}} \tag{6.4}$$

Wird aus dieser normierten Dehnungsauslösung $\varepsilon_{j,n}^{I}$ die Korrekturfunktion L berechnet, weicht diese ab dem Interface von der Korrekturfunktion, die über eine Kraft auf die Modellaußenflächen berechnet wurde, ab (vgl. Abb. 6.9).

Für die Berechnung der Korrekturfunkton muss die Dehnungsauslösung für den homogenen Materialzustand $\varepsilon_{homogen}$ im Fall der Integralmethode ebenfalls über eine Kraft auf die Bohrlochinnenfläche oder durch Aufprägen eines rotationsymmetrischen Spannungszustands $\sigma_1 = \sigma_2$ auf die Modellaußenflächen simuliert werden.

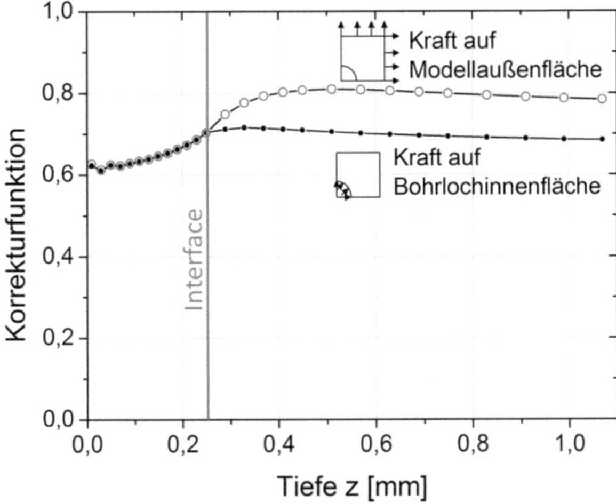

Abb. 6.9: Vergleich der Korrekturfunktionen ermittelt über unterschiedliche Lastaufprägung, Kraft auf Modellaußenflächen und auf die Bohrlochinnenfläche, im FE-Modell für das Beispielsystem mit $t_{c,n}$ = 0,1388 und χ = 0,3

Bei der Korrektur mit Dehnungsauslösungen bestimmt über eine Kraft auf der Bohrlochinnenfläche, wird die Grundannahme der Integralmethode, wie bei der Berechnung der Kalibrierkonstanten für die Integralmethode, durch die auftretenden Spannungsumlagerungen berücksichtigt. Die durch die Spannungsumlagerungen auftretenden Dehnungs- und Spannungsänderungen müssen im Gleichgewicht stehen. Wie das sich einstellende Spannungsgleichgewicht aussieht, hängt maßgeblich auch von den lokalen elastischen Eigenschaften des Schichtverbundes ab. Bei Verwendung der Korrektur berechnet über ein Aufprägen der Kräfte auf der Bohrlochinnenfläche des FE-Modells und anschließender Auswertung der korrigierten Dehnungsauslösung mit der Integralmethode wird dementsprechend der aufgeprägte Spannungstiefenverlauf unabhängig vom Spannungszustand zuverlässig wiedergegeben (vgl. Abb. 6.10 und Abb. 6.11).

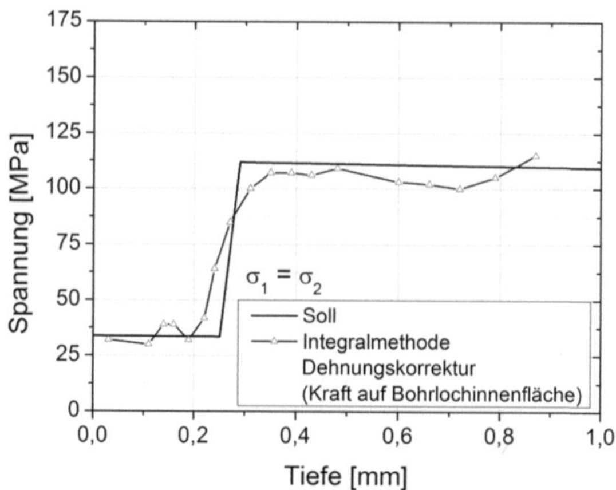

Abb. 6.10: Vergleich zwischen der aufgeprägten Spannung (Simulation) und der mit der Integralmethode ausgewerteten Spannung nach Dehnungskorrektur am Beispielschichtverbund mit $t_{c,n}$ = 0,1388 und χ = 0,3 bei einem rotationssymmetrischen Spannungszustand $\sigma_1 = \sigma_2$; Bestimmung der Korrekturfunktion über Spannung auf Bohrlochinnenfläche

Somit muss bei der Korrektur der Dehnungsauslösung die anschließend verwendete Auswertemethode berücksichtigt werden. Die vorgeschlagene Korrektur der Dehnungsauslösung kann dann sowohl bei Verwendung der Differential- als auch der Integralmethode prinzipiell gut angewendet werden, um Eigenspannungstiefenverläufe an Schichtverbunden zuverlässig sowohl qualitativ als auch quantitativ zu bestimmen. Bei der Berechnung der Korrekturfunktion für die Differentialmethode muss die Lastspannung in der Simulation auf die Außenflächen aufgeprägt und anschließend die Dehnungsauslösungen normiert werden.

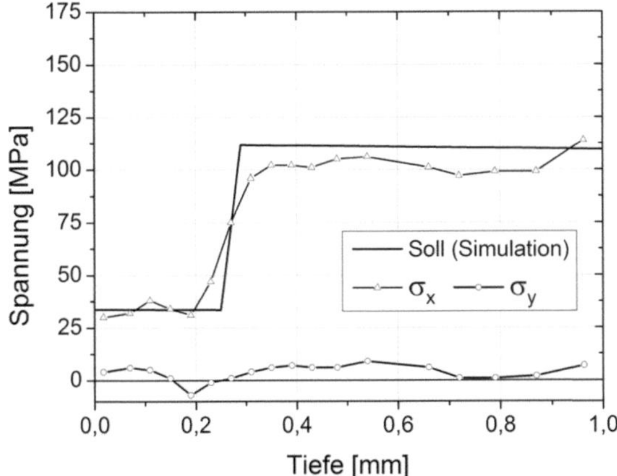

Abb. 6.11: Vergleich zwischen der aufgeprägten Spannung (Simulation) und der mit der Integralmethode ausgewerteten Spannung nach Dehnungskorrektur am Beispielschichtverbund mit $t_{c,n}$ = 0,1388 und χ = 0,3 bei einem einachsiger Spannungszustand σ_x = 100 MPa, σ_y=0 MPa; Bestimmung der Korrekturfunktion über Spannung auf Bohrlochinnenfläche

Soll anschließend mit der Integralmethode ausgewertet werden, so muss für die Berechnung der Korrekturfunktion in der Simulation die Lastaufprägung über die Bohrlochinnenflächen geschehen. Der Ablauf und die Randbedingungen zur Berechnung der Korrekturfunktion L sind in Abb. 6.12 nochmals zusammengefasst.

Die mittlere Abweichung zwischen der in der Simulation aufgeprägten Spannung und der mit der Korrektur berechneten Spannung beträgt für die Differentialmethode beim betrachteten Modellsystem im Bereich der Schicht 4,5% und im Bereich des Substrat 4,9%. Im Fall der Integralmethode beträgt die mittlere Abweichung 2% in der Schicht und 4% im Substrat.

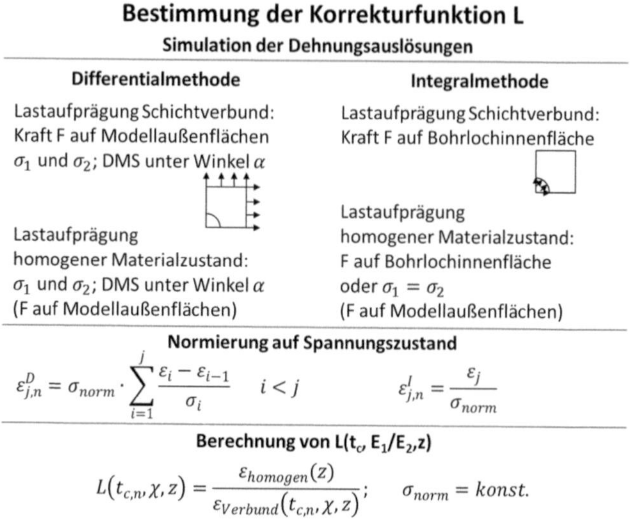

Bestimmung der Korrekturfunktion L

Simulation der Dehnungsauslösungen

Differentialmethode	**Integralmethode**
Lastaufprägung Schichtverbund: Kraft F auf Modellaußenflächen σ_1 und σ_2; DMS unter Winkel α	Lastaufprägung Schichtverbund: Kraft F auf Bohrlochinnenfläche
Lastaufprägung homogener Materialzustand: σ_1 und σ_2; DMS unter Winkel α (F auf Modellaußenflächen)	Lastaufprägung homogener Materialzustand: F auf Bohrlochinnenfläche oder $\sigma_1 = \sigma_2$ (F auf Modellaußenflächen)

Normierung auf Spannungszustand

$$\varepsilon_{j,n}^{D} = \sigma_{norm} \cdot \sum_{i=1}^{j} \frac{\varepsilon_i - \varepsilon_{i-1}}{\sigma_i} \qquad i < j \qquad\qquad \varepsilon_{j,n}^{I} = \frac{\varepsilon_j}{\sigma_{norm}}$$

Berechnung von L(t$_c$, E$_1$/E$_2$,z)

$$L(t_{c,n}, \chi, z) = \frac{\varepsilon_{homogen}(z)}{\varepsilon_{Verbund}(t_{c,n}, \chi, z)}; \qquad \sigma_{norm} = konst.$$

Abb. 6.12: Zusammenfassung des Ablaufes und der Randbedingungen zur Bestimmung der Korrekturfunktion *L* für die Differential- und Integralmethoden

6.2 Neuronale Netze zur Bestimmung der Korrekturfunktion

Die Korrekturfunktion L ist hauptsächlich abhängig von den Parametern t_c, χ, z. Für die Berechnung von L muss der genaue Schichtaufbau, bzw. die Schichtparameter χ und $t_{c,n}$ bekannt sein, um dann mittels des FE-Modells die zur Korrektur notwendige Dehnungsauslösung des Schichtverbundes simulieren zu können. Dies entspricht im Fall der Integralmethode einem wesentlich geringeren Rechenaufwand im Vergleich zur Ermittlung von fallspezifischen Kalivierkurven. Im Fall der Differentialmethode besteht weiterhin der gleiche Rechenaufwand und somit nur ein geringer Vorteil gegenüber der fallspezifischen Kalibrierung, da nach der Dehnungskorrektur kommerzielle Auswerteprogramme verwendet werden können. Die Dehnungskorrektur hat gegenüber der fallspezifischen

Kalibrierung nur einen entscheidenden Vorteil, wenn es möglich ist, die Korrekturfunktion schnell und zuverlässig, ohne dass für jede Messung eine neue FE-Simulationen durchgeführt werden muss, bestimmen zu können.

Zur Bestimmung der Korrekturfunktion ist es notwendig, eine Abhängigkeit zwischen Schichtparametern und der Dehnungsauslösung zu finden. Eine Möglichkeit zur Verknüpfung von Eingangsparametern mit Ausgangsparametern, bei denen die genauen Korrelationen vorher nicht bekannt sind, bieten künstliche Neuronale Netze [108]. Sie können beliebige nichtlineare Funktionen aus Beispieldaten erlernen und auf diese Weise komplexe Probleme abbilden [109]. Neuronale Netze werden unter anderem zur Klassifikation von Daten, zum Fitten von Daten oder zur Modellierung und Vorhersage von Daten genutzt. Im Bereich der Materialwissenschaften werden sie zum Beispiel zur Eigenschaftsvorhersage von Polymerverbundwerkstoffen [110], zur Bestimmung von Eigenschaften von Schweißnähten oder zur Abschätzung von Umwandlungsverhalten in Stählen [111] verwendet. In den Materialwissenschaften kommen neuronale Netze unter anderem zur Anwendung, um nichtlineare Beziehungen zwischen bekannten Eingangsdaten, zum Beispiel der Konzentrationen der einzelnen Legierungselementen in einem Stahl und einer Materialeigenschaft, zum Beispiel der Bainitstarttemperatur, zu finden [111].

Ein künstliches Neuronales Netz wird im Folgenden dazu verwendet die notwendigen Dehnungsauslösungen zur Berechnung der Korrekturfunktionen zu ermitteln. Im Fall der Bestimmung der Korrekturfunktion, wird eine Beziehung zwischen den Schichtparametern, dem E-Modulverhältnis χ und der normierten Schichtdicke $t_{c,n}$, der Bohrlochtiefe z und der resultierenden Dehnungsauslösung bei einer gegeben Spannung gesucht. Ist dieser Zusammenhang bekannt, kann die Korrekturfunktion L berechnet werden. Zwischen den Parametern χ, $t_{c,n}$ und z und der Dehnungsauslösung $\varepsilon_{Verbund}$ besteht ein noch unbekannter nicht linearer Zusammenhang, welcher mit Hilfe des Neuronalen Netzes, beschrieben werden soll.

Neuronale Netze sind computergestützte Systeme, die die Struktur von biologischen Nervensystemen simulieren. Hier soll nur kurz auf die wichtigsten Grundlagen eingegangen werden. Neuronale Netze bestehen aus einzelnen Elementen, sogenannten Neuronen. Sie sind in Schichten, die untereinander verbunden sind, zusammengefasst. Zumeist gibt es eine Eingabe- und eine Ausgabeschicht. Alle weiteren Schichten sind verborgene Schichten oder „hidden layer". Jedes Neuron ist mit den Neuronen anderer Schichten verbunden. Die Verbindungen haben jeweils eine Gewichtung, die die Stärke der Interaktion zwischen den Neuronen bestimmt. Durch Training des Neuronalen Netzes mit bekannten Datensätzen werden die Gewichtungen, wie beim Lernprozess im Gehirn, mit Hilfe eines Backpropagation-(Rückführungs-)Algorithmus angepasst. Eine detaillierte Beschreibung der Arbeitsweise von Neuronalen Netzen findet sich unter anderem in [108]. Für das Training der Netzwerke gibt es unterschiedlichste Algorithmen. Es geschieht im Allgemeinen in drei Schritten, die bis zu einem gegebenen Abbruchkriterium wiederholt werden: dem Eingeben der Inputdaten, der Berechnung und Backpropagation des Fehlers und der Angleichung der Gewichtungswerte [110].

Das Neuronale Netz zur Korrelation der Schichtparameter und Bohrlochtiefe mit der daraus resultierenden Dehnungsauslösung wurde in MATLAB mit Hilfe der Neural Network Toolbox [112] erstellt.

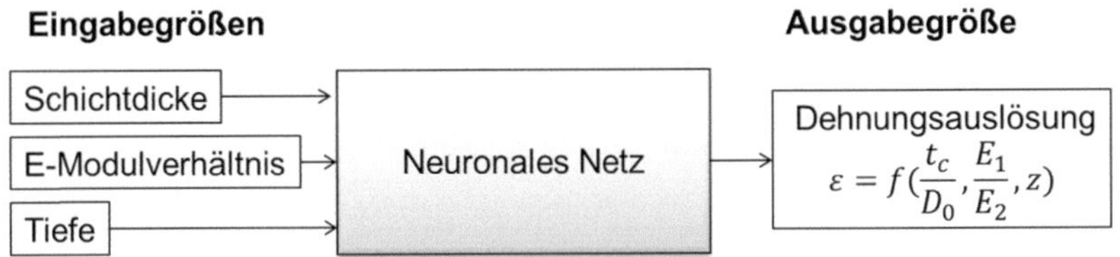

Abb. 6.13: Schema der Eingabe- und Ausgabegrößen des verwendeten Neuronalen Netzes.

Eingabe- bzw. Inputgrößen des Neuronalen Netzes sind die Schichtdicke und das E-Modulverhältnis und die Bohrtiefe *z* (Abb. 6.13), da die Dehnungsauslösung hauptsächlich von diesen drei Parametern abhängt. Ausgabe- bzw. Outputgröße des Neuronalen Netzes ist die korrespondierende Dehnungsauslösung bei einer gewählten Normierungsspannung σ_{norm} von 100 MPa. Als Netzarchitektur wurde nach [112] eine Zwei-Layer Feed Forward Netz bestehend aus einem Hidden-Layer und einem Outputlayer, gewählt. Das Hidden Layer besteht aus 60 Neuronen (siehe Abb. 6.14), das Outputlayer besteht, auf Grund einer einzigen Ausgabegröße, aus einem Neuron.

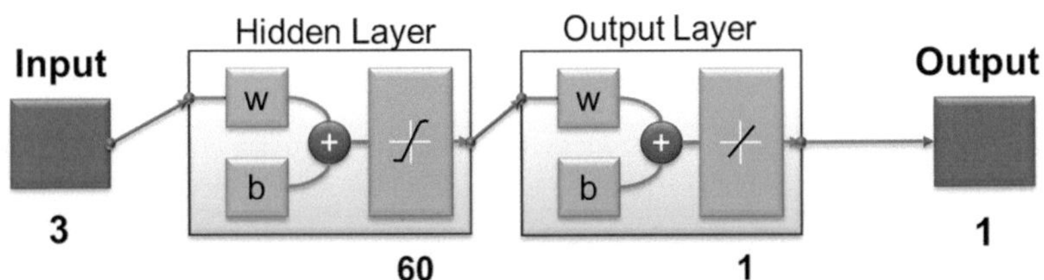

Abb. 6.14: Architektur des verwendeten Zwei-Layer Feed Forward Netzwerks, erstellt mit der Neural Network Toolbox von MATLAB

Als Eingangsgrößen für das Training des Neuronalen Netzwerks dienten die mit dem FE-Modell in Abhängigkeit von t_c und χ bereits simulierten Dehnungsauslösungen, die im Abschnitt 5.2 zur Bestimmung der Anwendungsgrenzen der Standardmethoden verwendet wurden. Diese Simulationen wurden für einem Bohrlochdurchmesser von 1,8 mm durchgeführt. Das Training erfolgte mit einem Levenberg-Marquardt Backpropagation Algorithmus [112] unter Verwendung von 4335 Datensätzen. Die Trainingsdaten aus der FE-Simulation decken ein Parameterfeld von $0{,}1 < \chi < 4$ für das E-Modulverhältnis und $0{,}0056 < t_{c,n} < 5{,}556$ für die normierte Schichtdicke ab. Dies entspricht bei einem Bohrlochdurchmesser von 1,8 mm Schichtdicken zwischen 10 µm < t_c <1000 µm.

Eine Herausforderung beim Trainieren von Neuronalen Netzen ist das Vermeiden des sogenannten Übertrainings. Zur Abbildung eines Problems ist eine ausreichende Anzahl an Neuronen notwendig. Zu viele Neuronen können jedoch zum Übertraining führen. In dem Fall können die eingegeben Daten nur unzureichend generalisiert werden, dies würde beim menschlichen Gehirn einem reinen „Auswendiglernen" entsprechen. Das Übertraining kann unter anderem verhindert werden, in dem die Trainingsdaten in drei Gruppen aufgeteilt werden, dem Trainingsdatensatz, dem Testdatensatz und dem Validierungsdatensatz. Das Training des Netzes endet vorzeitig, wenn der Fehler des Validierungsdatensatzes auf Grund von Übertraining ansteigt [108]. Für das Training des hier verwendeten Neuronalen Netzes wurden die Datensätze per Zufallsprinzip durch den in Matlab integrierten Trainingsalgorithmus in einen Trainingssatz (70%), in einen Test- (15%) und in einen Validierungssatz (15% der Daten) unterteilt. Die durch das Neuronale Netz nach dem Training abgebildete Fitfunktion besitzt ein Bestimmtheitsmaß $R^2 >$ 0,9999.

Das trainierte Neuronale Netz bildet nun den Zusammenhang zwischen den Schichtparametern, χ und $t_{c,n}$ und der daraus resultierenden Dehnungsauslösung in Abhängigkeit von der Tiefe z ab. Es entspricht demzufolge einer Funktion $\varepsilon = f(\chi, t_{c,n}, z)$. Mit Hilfe des Neuronalen Netzes kann die Dehnungsauslösung für beliebige Zweischichtsysteme innerhalb des Parameterfeldes, für das es trainiert wurde, ohne dass zusätzliche Simulationen notwendig sind, bestimmt werden. Aus den auf diese Weise ermittelten Dehnungsauslösungen für Schichtverbunde kann im Anschluss direkt die notwendige Korrekturfunktion L nach Gleichung (6.3) berechnet werden.

Da, wie in Abschnitt 6.1 erläutert, die Dehnungsauslösungen für die Berechnung der Korrekturfunktion für die Integralmethode und die Differentialmethode durch eine unterschiedliche Lastaufprägung simuliert werden müssen, wurden für die Bestimmung der Dehnungsauslösungen zwei getrennte Neuronale Netze aufgestellt und trainiert. Das erste Netz simuliert die Dehnungsauslösung auf Grund einer Kraft auf die Bohrlochinnenflächen für die Integralmethode, während das zweite Netz für die Differentialmethode die Dehnungsauslösung auf Grund einer Kraft auf die Modellaußenflächen für beliebige Schichtsysteme ermittelt.

6.3 Einfluss des Bohrlochdurchmessers

Um die Anzahl der Eingabeparameter des Neuronalen Netzes zu minimieren, gehen als Input in das Neuronale Netz ausschließlich das E-Modulverhältnis, die normierte Schichtdicke und die Bohrlochtiefe z ein. Betrachtet man die Bestimmung von fallspezifischen Kalibrierkurven, so geht dort die Berechnung zusätzlich immer die Geometrie des Bohrlochs, das heißt D_0, und die Geometrie der DMS-Rosette, das heißt D, durch den Quotienten D_0/D ein. Ebenso wie die fallspezifische Kalibrierung wird die Korrekturfunktion durch die Geometrie vom Bohrloch und der Rosette leicht beeinflusst.

Alle Dehnungsauslösungen zur Erstellung des Neuronalen Netzes wurden für einen Bohrlochdurchmesser D_0 von 1,8 mm, einem Rosettendurchmesser D von 5,13 mm und in Anlehnung an eine DMS-Rosette vom Typ B der ASTM E837-08[43], wie sie auch bei den experimentellen Untersuchungen verwendet wurden, berechnet. Dies entspricht einem Verhältnis D_0/D von 0,35. Für dieses Verhältnis können durch Bestimmung der Dehnungsauslösung über das Neuronale Netz die Korrekturfunktionen L für unterschiedliche Schichtsysteme berechnet werden. Als zusätzlichen Inputparameter wurden andere Verhältnisse von D/D_0 nicht berücksichtigt, da der Aufwand zur Erstellung der Trainingsdaten für das Neuronalen Netze sich dadurch vervielfachen würde.

Der sich beim Bohren einstellende Durchmesser weicht im Experiment allerdings häufig von den hier verwendeten 1,8 mm ab. Dies ist der Fall, da der Durchmesser in den meisten Fällen vorher nicht exakt eingestellt werden kann, sondern am Ende eines Bohrlochversuches über eine optische Einheit am Bohrlochgerät ausgemessen wird. Wird ein Stirnfräser von 1,6 mm verwendet, so liegt der sich ergebende Bohrlochmesser in der Praxis in den meisten Fällen zwischen 1,65 und 1,9 mm. Dies entspricht einer Abweichung von 8% beziehungsweise 6% vom Verhältnis $D_0/D = 0{,}35$ für das die Korrekturfunktionen bestimmt wurden. Die Abweichung ist geringer als bei konventionellen Bohren, wenn die Technik des Orbitalfräsens angewendet wird. Doch an in diesem Fall kann der tatsächliche Bohrlochdurchmesser vom vorher eingestellten, je nach Präzision der Turbine und der Vorrichtung, abweichen. Diese Abweichung von D_0/D gegenüber dem ursprünglichen Verhältnis wirkt sich bei Schichtsystemen auch auf die Spannungsauswertung mit der Dehnungskorrektur aus, da die Größe D_0/D bei der Bestimmung der Korrekturfunktion nicht berücksichtigt wird.

Abb. 6.15 zeigt die mittleren Spannungsabweichungen für unterschiedliche Bohrlochdurchmesser D_0, bzw. Verhältnisse D_0/D bei Verwendung der Dehnungskorrektur in Kombination mit dem Neuronalem Netz am Beispiel der Differentialmethode. Die Variation wurde wieder am Beispielschichtverbund mit $\chi = 0{,}3$ und $t_c = 250$ µm durchgeführt. Die Spannungsabweichung $\Delta_{Spannung}$ ist am kleinsten, in der Schicht 2.25% und im Substrat 1,4%, für einen Bohrlochdurchmesser von 1.8 mm, das heißt wenn der Bohrlochdurchmesser des Schichtverbundes dem Bohrlochdurchmesser der Korrektur entspricht.

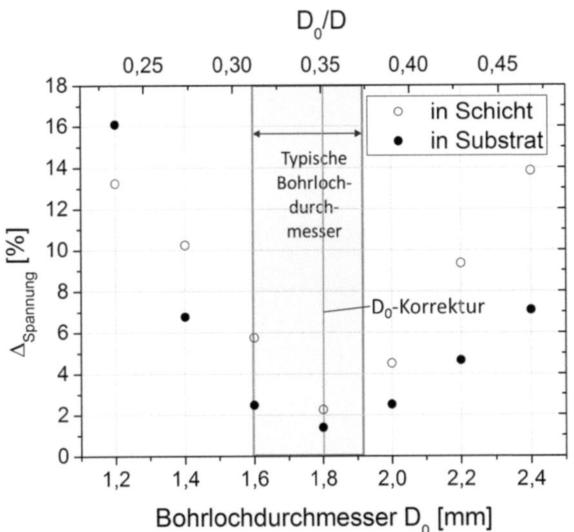

Abb. 6.15: Spannungsabweichung $\Delta_{Spannung}$ für den Modellschichtverbund $\chi = 0{,}3$ und $t_c = 250$ µm bei Variation des Bohrlochdurchmesser D_0 und konstantem Rosettendurchmesser $D = 5{,}13$ (Rosettentyp CEA-UM-XX-120), Auswertung mittels Dehnungskorrektur und Korrekturfunktionen für $D_0 = 1{,}8$ mm und anschließender Verwendung der Differentialmethode

Wie zu erwarten steigt die Spannungsabweichung $\Delta_{Spannung}$, je weiter der Bohrlochdurchmesser des Schichtverbundes abweicht. Wenn der Bohrlochdurchmesser allerdings nur geringfügig, das heißt weniger als 10%, vom Korrekturdurchmesser abweicht, kann die Korrektur trotz des veränderten Verhältnis D_0/D zuverlässig angewendet werden. In dem Fall ist die dadurch entstehende zusätzliche Abweichung geringer als 3%. In der Korrektur wird die Änderung des Bohrlochdurchmessers durch die auf den Bohrlochdurchmesser normierte Schichtdicke $t_{c,n} = t_c/D_0$ teilweise berücksichtigt. Diese beeinflusst wesentlich stärker die Dehnungsauslösung eines Schichtverbundes als das Verhältnis D_0/D. In der anschließenden Auswertung der korrigierten Dehnungsauslösungen mit den Standardmethoden wird dann die veränderte Geometrie D_0/D durch die dort hinterlegten Kalibrierkonstanten berücksichtigt. Bei Verwendung von konventionellem Bohrlochequipment sollte die Abweichung des Bohrlochdurchmessers vom Bohrlochdurmesser der Korrektur geringer als 10% sein und somit kann die Korrektur auch dann zuverlässig angewendet, wenn der Bohrlochdurchmesser leicht von 1,8 mm abweicht. Weicht das Verhältnis D_0/D jedoch stärker als 15% von 0,35 ab, das heißt etwa ab einem Bohrlochdurchmesser größer als 2 bzw. geringer als 1,55 mm, so sollte das Neuronale Netz zur Bestimmung der Korrekturfunktion nicht weiter angewendet werden. In diesem Fall müssten die Dehnungsauslösungen für die Bestimmung der Korrekturfunktion neu zum Beispiel durch FE-Simulation bestimmt werden. Wird der Bohrlochdurchmesser im Neuronalen Netz als zusätzliche Eingangsgröße berücksichtigt, so würde sich der Aufwand je nach Größe des abgedeckten Durchmesserbereichs vervielfachen.

6.4 Anwendung der Dehnungskorrektur an Gradienten behafteten Eigenspannungstiefenverläufen

Bisher wurde die entwickelte Dehnungskorrektur ausschließlich an Simulationsdaten erprobt, bei denen eine konstante Last von außen auf das Simulationsmodell aufgeprägt wurde. Durch diese Lastaufprägung stellte sich ein Spannungssprung am Interface ein. Sowohl in der Schicht als auch in der Schicht, waren die Spannungen allerdings annähernd konstant. Dies entspricht nicht den Spannungszuständen, die zumeist in realen Schichtverbunden anzutreffen sind. Um die Methode an einem realistischen Eigenspannungszustand zu erproben, wurde dem FE-Modell ($\chi = 0.3$ und $t_c = 230$ µm) ein Eigenspannungszustand nahe dem röntgenographisch bestimmten Eigenspannungstiefenverlauf des thermisch gespritzten Aluminium-Stahl Schichtverbunds (vgl. Abschnitt 3.5.4) durch Verwendung von vorgespannten Elementen (initial condition, type = stress) aufgeprägt.

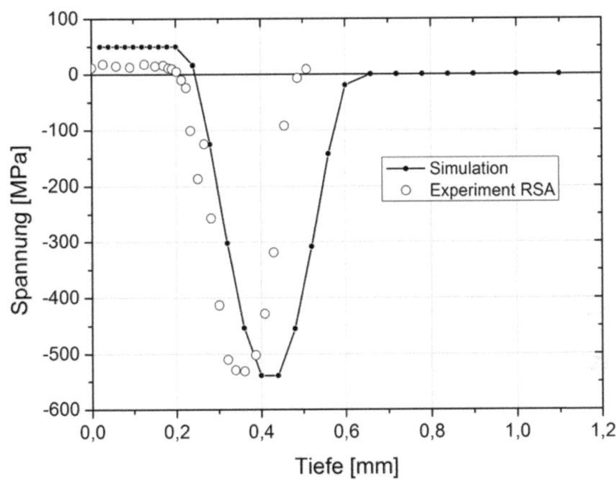

Abb. 6.16: über vorgespannte Elemente aufgeprägter Spannungsverlauf in der Simulation im Vergleich zum experimentell über die röntgenographische Spannungsanalyse (RSA) bestimmten Eigenspannungszustand im Aluminium-Stahl (S690QL)Schichtsystem

Abb. 6.16 zeigt den Eigenspannungszustand der Simulation im Vergleich zum röntgenographisch am Schichtverbund bestimmten Eigenspannungstiefenverlauf. Da die röntgenographisch bestimmten Eigenspannungen im Substrat 60% der Streckgrenze des S690QL-Stahls überschreiten, wurde für den Substratwerkstoff zusätzlich auch elastisch-plastisches Materialverhalten berücksichtigt. Das plastische Materialverhalten wurde durch das in Abaqus implementierte Materialmodell der nichtlinear isotropen kinematischen Verfestigung für kleine Verzerrungen simuliert [99]. Die notwendigen Materialparameter für den Stahl S690QL wurden aus [113] entnommen und sind in Tabelle 6.1 zusammengefasst.

Tabelle 6.1: in der Simulation verwendete Materialparameter für den Stahl S690QL, entnommen aus [113]

σ_0	c	γ
550 MPa	6663,6 MPa	39,3

Hierbei ist σ_0 die Streckgrenze bei einer plastischen Dehnung $\varepsilon_{pl} = 0$, c und γ sind Verfestigungsparameter [99]. Es wurde die Annahme getroffen, dass die Streckgrenze über den gesamten Tiefenbereich konstant ist.

Die für den in Abb. 6.16 abgebildeten Spannungszustand simulierten Dehnungsauslösungen sind in Abb. 6.17 dargestellt. Der Übergang von Zug- zu Druckspannungen am Interface ist auch an den simulierten Dehnungsauslösungen ebenso wie im Experiment deutlich zu erkennen. Wertet man nun die simulierten Dehnungsauslösungen (elastisch-plastisches Materialmodell) mit der Integral- und der Differentialmethode unter Verwendung der Dehnungskorrektur aus, so wird der Eigenspannungszustand in der Schicht von beiden Methoden zuverlässig wieder gegeben (siehe Abb. 6.18).

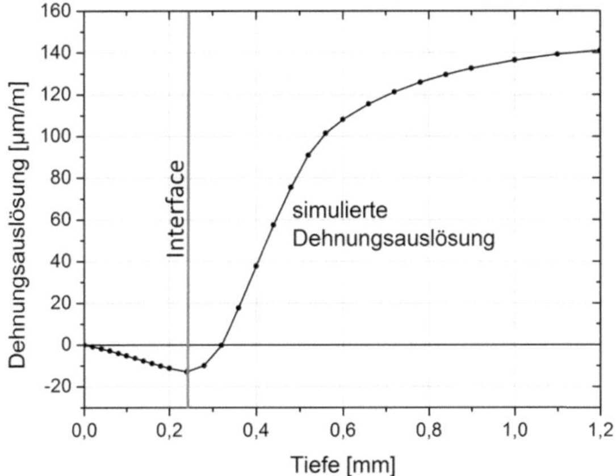

Abb. 6.17: simulierte Dehnungsauslösung an einem Schichtverbund mit χ = 0,3 und t_c= 250 µm, unter dem in Abb. 6.16 dargestellten mit vorgespannten Elementen aufgeprägten Spannungszustand

Die mittlere Abweichung zwischen der aufgeprägten und der berechneten Spannung beträgt im Bereich der Schicht 12 MPa im Fall der Differentialmethode und 3 MPa im Fall der Integralmethode. Die Integralmethode bildet den kompletten Eigenspannungstiefenverlauf, nicht nur in der Schicht sondern auch im unmittelbaren Bereich des Interfaces und im Substrat zuverlässig ab. Am Maximum der Druckeigenspannungen beträgt die Abweichung der mit der Dehnungskorrektur ausgewerteten Spannungen von der in der Simulation aufgeprägten Spannung lediglich 0,5%. Die Dehnungskorrektur mit einer anschließenden Auswertung durch die Integralmethode bietet somit eine zuverlässige Möglichkeit zur Bestimmung der Eigenspannungen in Schichtverbunden auch bei Eigenspannungszuständen mit starken Spannungsgradienten.

Betrachtet man das Ergebnis der Auswertung mit der Differentialmethode, so wird der Spannungsgradient am Interface nur bis zu einer Tiefe von 0,3 mm hinreichend genau berechnet. Der steile Spannungsgradient im Substrat, sowie das Maximum der Druckeigenspannungen werden durch die Differentialmethode um 210 MPa unterschätzt. Ab einer Tiefe von 0,6 mm werden dann die Eigenspannungen im Substrat überschätzt. Dies deutet daraufhin, dass ein wesentliches Problem bei der Anwendung der Differentialmethode an thermisch gespritzten Schichtverbunden die hohen Spannungsgradienten sein werden, die beim Sandstrahlen des Substrates entstehen.

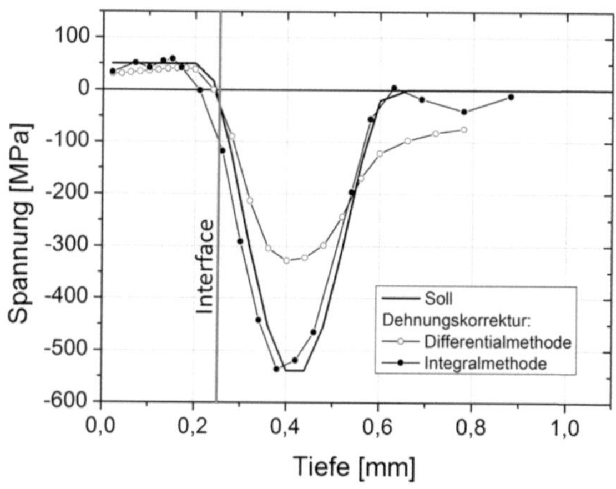

Abb. 6.18: Eigenspannungsverlauf berechnet mit der Differential- und Integralmethode nach Dehnungskorrektur im Vergleich zum in der Simulation aufgeprägten Eigenspannungszustand am Beispiel des Aluminium-Stahl(S690QL)Schichtverbundes. Simulation mit elastisch-plastischem Materialmodell für den Substratwerkstoff S690QL

Die aufgeprägten Eigenspannungen sind mit 540 MPa sehr nahe an der angenommen Streckgrenze von 690 MPa des Substratmaterials. Demzufolge würde man vermuten, dass Plastizierungseffekte auftreten und es zu einer Überschätzung der Druckeigenspannungen im Substrat kommen könnte.

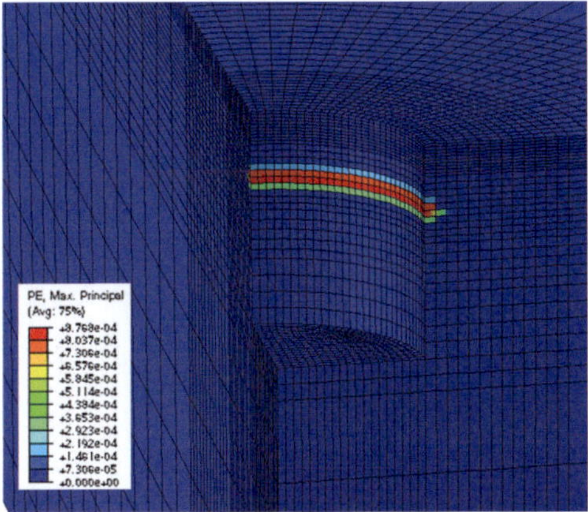

Abb. 6.19: auftretende plastische Dehnungen in der Hauptdehnungsrichtung (entspricht der radialer Richtung) im Schichtverbund Aluminium-Stahl (S690QL) nach dem Erreichen der Gesamtbohrlochtiefe von 1,2 mm bei einem Bohrlochdurchmesser von 1,8 mm

Schaut man sich die plastischen Dehnungsanteile in den Ergebnissen der FE-Simulation an, so ist zu erkennen, dass in den Tiefen, in denen die Eigenspannungen größer als etwa 450 MPa, das heißt größer als circa 65% der Streckgrenze, sind, am Bohrlochgrund lokal plastische Dehnungsanteile auftreten (vgl. Abb. 6.19). Die Effekte durch die lokal auftretende Plastizierung des Materials sind in diesem Schichtverbund allerdings so gering, dass sie keinen signifikanten Einfluss auf die Eigenspannungsbestimmung haben. Dies zeigt auch die geringe Abweichung der maximalen Druckspannung von 0,5% bei Anwendung der Integralmethode.

7 Diskussion

Nachfolgend werden die Ergebnisse der Finite Element Simulationen analysiert und die entwickelte Auswertemethodik der Dehnungskorrektur kritisch im Vergleich zu den bestehenden Methoden und der fallspezifischen Kalibrierung beurteilt. Die Anwendungsmöglichkeiten und Randbedingungen der entwickelten Methodik werden erörtert. Hierbei werden die unterschiedlichen Auswertemethoden zunächst ausgehend von den Simulationsergebnissen ohne einen zusätzlichen Einfluss von Messwertstreuungen diskutiert. Anschließend sollen die Möglichkeiten und die experimentell Anwendung der inkrementellen Bohrlochmethode zur zuverlässigen Bestimmung von Eigenspannungstiefenverläufen in Schichtverbunden kritisch analysiert werden. Dies erfolgt auch unter Berücksichtigung von Messungenauigkeiten ausgehend vom Beispiel des thermisch gespritzten Aluminium-Stahl Schichtverbundes.

7.1 Auswertemethodik

Die inkrementelle Bohrlochmethode wird häufig als „relativ einfach" [114] und schnell [46] dargestellt und kann „von jedem qualifizierten Spannungsanalyse-Techniker mit kommerziell verfügbaren Messmitteln routinemäßig angewandt werden" [114]. Dies gilt allerdings allenfalls, wenn alle Randbedingungen der Methoden eingehalten werden, nicht zu hohe Spannungsgradienten auftreten und kommerzielle Auswerteprogramme zur Auswertung der Dehnungsauslösung herangezogen werden können. Bei Schichtverbunden handelt es sich einerseits nicht um homogene Werkstoffzustände, somit wird eine der wichtigsten Randbedingungen nicht eingehalten, und andererseits treten am Interface teilweise hohe Spannungsgradienten auf. Der Aufwand zur Auswertung der Dehnungsauslösungen wird dadurch wesentlich größer, denn die kommerziellen Auswerteprogramme mit den dort hinterlegten Kalibrierkurven können für homogene Materialien nicht mehr verwendet werden.

Einige Werkstoffkombinationen, bei denen sich die elastischen Eigenschaften nur um weniger als 20% unterscheiden, können zwar nicht mehr als homogen angesehen werden, trotzdem können die Kalibrierkurven für homogene Materialzustände und somit auch kommerzielle Auswerteprogramme verwendet werden. Dies wäre zum Beispiel der Fall, wenn ein korrosionsbeständiger, ferritischer Stahl auf einen niedriglegierten Stahl plattiert wird [115]. Verwendet man in diesem Fall die Standardmethoden unter Nutzung von Kalibrierkurven für homogene Werkstoffzustände, so muss der Anwender sich dennoch darüber im Klaren sein, dass es auswertebedingt zu geringen Fehlern (kleiner 10%) durch die Nichtbeachtung des Schichtaufbaus kommt. Bei Dünnschichtsystemen mit $t_c < 10$ µm, die zum Beispiel durch PVD oder CVD-Prozesse aufgetragen werden, können kommerzielle Programme mit den Standardmethoden verwendet werden, wenn der Eigenspannungszustand im darunterliegenden Substrat von Interesse ist. Gleiches gilt für sehr dicke Schichten, $t_c > 0{,}45 \times D_0$, wenn ausschließlich die Eigenspannungen in der Schicht ermittelt werden soll.

In allen anderen Fällen muss bei der Auswertung der Dehnungsauslösung der schichtweise Aufbau der Bauteile berücksichtigt werden. Dies kann durch fallspezifische Kalibrierkurven oder durch die in dieser Arbeit vorgeschlagene Dehnungskorrektur geschehen. In welchen Fällen die Standardmethoden für homogene Werkstoffe zur Eigenspannungsermittlung an Schichtverbunden zuverlässig angewendet werden können und ab welcher Schichtdicke und welchem E-Modulverhältnis der Schichtaufbau bei der Auswertung berücksichtigt werden muss, zeigt Abb. 7.1 für den Bereich des Substrats und Abb. 7.2 für den Bereich der Schicht.

Die eingezeichneten Grenzen sind gültig, solange eine Spannungsabweichung von max. 10% toleriert werden kann. Ist dies nicht der Fall, so engt sich der Bereich, in dem die Standardmethoden noch zuverlässig angewendet werden können, weiter ein.

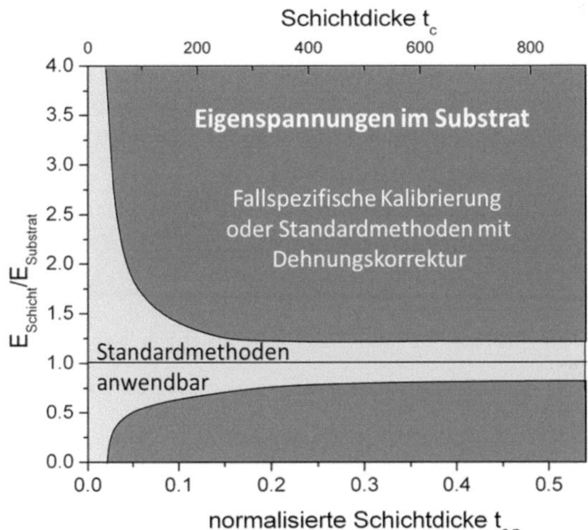

Abb. 7.1: Auswertemethoden zur Eigenspannungsbestimmung im Substrat eines Schichtverbundes, Anwendungsgrenze für die Standardmethoden bei Verwendung von $E_{Substrat}$ bei Toleranz einer maximalen Spannungsabweichung ΔSpannung von 10%, die Schichtdicke t_c ist für einen Bohrlochdurchmesser von 1,8 mm angegeben.

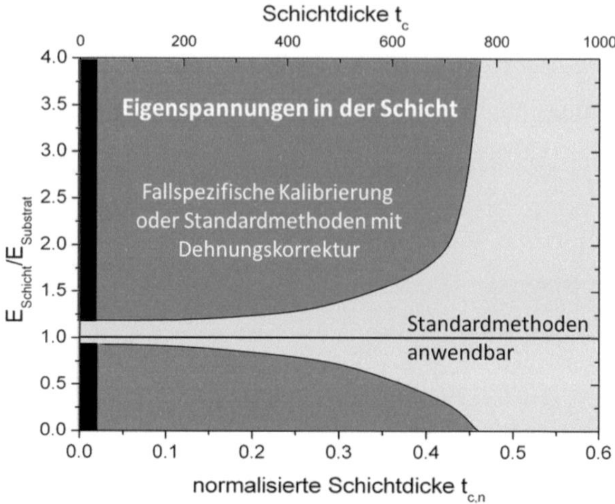

Abb. 7.2: Auswertemethoden zur Eigenspannungsbestimmung in der Schicht eines Schichtverbundes, Anwendungsgrenze für die Standardmethoden bei Verwendung von $E_{Schicht}$: bei Toleranz einer Spannungsabweichung ΔSpannung = 10%, die Schichtdicke t_c ist für einen Bohrlochdurchmesser von 1,8 mm angegeben.

Die Berücksichtigung des Schichtaufbaus und dementsprechend eine zuverlässige Bestimmung von Eigenspannungstiefenprofilen an Schichtverbunden ist sowohl mit der fallspezifischen Kalibrierung als auch mit der in Kapitel 0 vorgeschlagenen Dehnungskorrektur möglich. Durch die Berücksichtigung des Schichtaufbaus reduziert sich die mittlere Spannungsabweichung $\Delta_{Spannung}$ um ein acht bis sogar ein zwanzigfaches im Gegensatz zur Auswertung mit den Standardmethoden, die Kalibrierdaten für homogene Materialzustände verwenden. Dies zeigt Abb. 7.3, in der die mittlere Spannungsabweichungen der unterschiedlichen Methoden am Beispiel des Modellschichtsystems χ = 0,3 und $t_{c,n}$ = 0,1388 verglichen werden. Ausgewertet wurden wiederum die simulierten Dehnungsauslösungen für den in Abb. 7.4 dargestellten Spannungszustand, der auf Grund einer Last auf die Modellaußenflächen auftritt (Abb. 4.5). Bei den Standardmethoden für homogene Werkstoffzustände tritt allein durch die Auswertung ein Fehler von bis zu 38% auf. Im Gegensatz dazu ist der

Fehler bei der Anwendung der Dehnungskorrektur unabhängig davon, ob die Integral- oder die Differentialmethode für die anschließende Auswertung verwendet wurden, geringer als 5%.

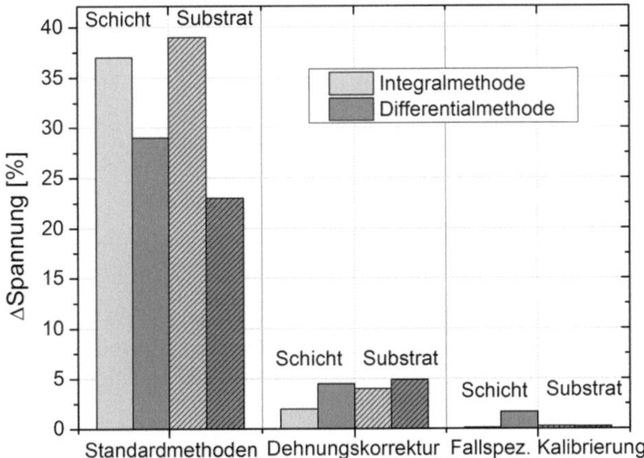

Abb. 7.3: Vergleich der unterschiedlichen Auswertemethoden zur Anwendung an Schichtverbunden: mittlere Spannungsabweichung $\Delta_{Spannung}$ für den Modellschichtverbund χ = 0,3 und t_c = 250 µm bei D_0 = 1,8 mm, $\sigma_1 = \sigma_2$

Bei der fallspezifischen Kalibrierung ist die Spannungsabweichung im Gegensatz zur Dehnungskorrektur noch geringer, wie auch aus Abb. 7.4 am Beispiel der Integralmethode ersichtlich. Hier kann der Spannungszustand mit einer Spannungsabweichung von weniger als 1% im Fall der Integralmethode und weniger als 2% im Fall der Differentialmethode wiedergegeben werden. Sowohl die fallspezifische Kalibrierung als auch die Dehnungskorrektur geben den aufgeprägten Spannungszustand zuverlässig wieder. Zur besseren Vergleichbarkeit der Methoden wurden die Dehnungsauslösungen vor der Auswertung nicht geglättet.

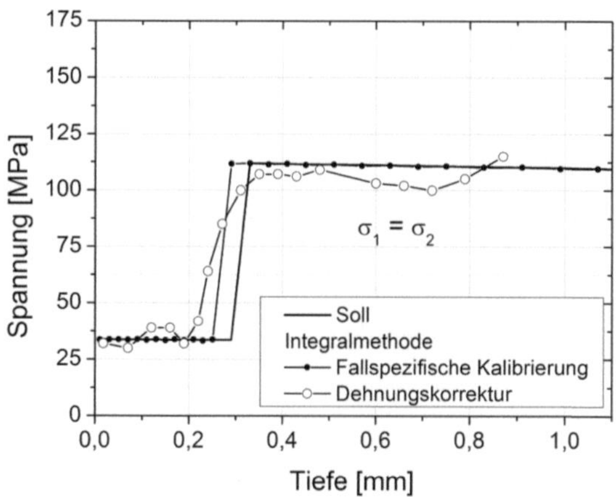

Abb. 7.4: Vergleich Fallspezifischen Kalibrierung mit der Dehnungskorrektur am Beispiel der Integralmethode für den Modellschichtverbund χ = 0,3 und t_c = 250 µm bei D_0 = 1,8 mm und $\sigma_1 = \sigma_2$

Ausgehend von den Simulationsergebnissen dieser Arbeit müssen bei der Auswertung der Dehnungsauslösungen von Schichtverbunden folgende Parametern neben den bekannten Randbedingungen, die auch für homogenen Materialzuständen gelten, (und Abschnitt 2.3.3) berücksichtigt werden:

- die Schichtdicke t_c
- die E-Moduln von Schicht und Substrat: $E_{Schicht}$ und $E_{Substrat}$ bzw. $\chi = E_{Schicht}/E_{Substrat}$
- die Poisson-Zahlen von Schicht und Substrat: $\nu_{Schicht}$ und $\nu_{Substrat}$ bzw. $\kappa = \nu_{Schicht}/\nu_{Substrat}$
- die Rauheit am Interface
- eventuelle Zwischenschichten (zum Beispiel Haftvermittlerschichten)
- der Bohrlochdurchmesser D_0
- die Rosettengeometrie u.a. D

Die Untersuchung der FE-Ergebnisse hat gezeigt, dass der Einfluss von einigen dieser Parameter allerdings sehr gering ist, bzw. durch geschickte Wahl der Schichtparameter t_c und χ des Simulationsmodels für die Kalibrierung minimiert werden kann, so dass diese bei Auswertung nicht explizit berücksichtigt werden müssen. Das Verhältnis der Poisson-Zahlen κ, die Rauheit am Interface sowie Zwischenschichten mit geringen Schichtdicken haben nur einen geringen Einfluss auf die Spannungsauswertung, so dass diese, wie in den Abschnitten 5.2.3, 5.4.2 und 5.4.3 gezeigt, bei der Berechnung der fallspezifischen Kalibrierkoeffizienten vernachlässigt werden können.

Wenn der Schichtaufbau bei der Auswertung von gemessenen Dehnungsauslösungen berücksichtig wird, so gibt hierfür zwei Möglichkeiten: Einerseits ist die Verwendung von fallspezifischen Kalibrierfunktionen, anderseits die vorgestellte Dehnungskorrektur möglich. Der Aufwand bei der Anwendung der beiden Methoden ist jedoch sehr unterschiedlich.

Wird zunächst die fallspezifische Kalibrierung betrachtet, so müssen neue Kalibrierkoeffizienten berechnet werden, sobald sich die Schichtdicke, der E-Modul der Schicht oder der Bohrlochdurchmesser ändert. Die Schichtdicke ändert sich zum Beispiel durch eine Nachbearbeitung der Schichtoberfläche, der E-Modul durch leicht veränderte Spritzparameter. Der Bohrlochdurchmesser kann sich von Bohrlochversuch zu Bohrlochversuch je nach Präzision der Turbine und Spannungszustand leicht ändern (vgl. Abschnitt 6.3), so dass teilweise für jeden Versuch neue Kalibrierkonstanten über FE-Simulationen berechnet werden müssen. Hierfür muss jeweils fallspezifisch ein neues FE-Modell aufgestellt und gerechnet werden. Ein weiterer Nachteil der fallspezifischen Kalibrierung für Anwender der inkrementellen Bohrlochmethode ist das Fehlen einer

Schnittstelle zum Einlesen der eigenen Kalibrierdaten in kommerziell erhältliche Auswerteprogrammen. Deshalb müssen zusätzlich zum Rechenaufwand für die Bestimmung der fallspezifischen Kalibrierdaten, die Auswertemethoden mit der entsprechenden Schnittstelle neu programmiert werden, wenn eine fallspezifische Kalibrierung durchgeführt werden soll.

Der letzte Punkt, die Programmierung einer Auswertesoftware, entfällt bei der Dehnungskorrektur mit anschließender Auswertung durch die Standardmethoden unter Verwendung der Kalibrierkurven für homogene Materialzustände. Kommerziell erhältliche Auswerteprogramme können weiterhin verwendet werden, da die Berücksichtigung des Schichtaufbaus im Vorfeld der Spannungsberechnung geschieht. Die notwendige Korrekturfunktion muss allerdings auch hier für jede Änderung des Schichtaufbaus neu bestimmt werden. Wie bei der Berechnung der Kalibrierdaten für die Differentialmethode ist die Bestimmung der Korrekturfunktion grundsätzlich experimentell oder durch FE-Simulation möglich. Der Rechenaufwand ist jedoch im Gegensatz zum Aufwand bei der Berechnung der fallspezifischen Kalibrierdaten für die Integralmethode geringer, da nicht die kompletten Matrizen $\bar{a}_{ij}$ und $\bar{b}_{ij}$ bestimmt werden müssen. Stattdessen wird nur ein Korrekturwert pro Tiefeninkrement berechnet. Sollen die Korrekturfunktionen für zum Beispiel 20 Tiefeninkremente bestimmt werden, so entspricht dies einem um 90% geringerem Rechenaufwand gegenüber einer fallspezifischen Kalibrierung für die Integralmethode.

Alternativ können die für die Dehnungskorrektur notwendigen Korrekturfunktionen auch über ein Neuronales Netz, das den Zusammenhang zwischen den Schichtparametern und der Dehnungsauslösung bei einer konstanten Spannung herstellt, wie in Abschnitt 6.2 beschrieben, bestimmt werden. Hier entsteht einmalig ein hoher Aufwand zum Trainieren des Neuronalen Netzes. Der Aufwand besteht hierbei hauptsächlich in der Ermittlung einer ausreichend großen Anzahl an Daten zum Trainieren des Neuronalen Netzes. Ist das Neuronale Netz einmal trainiert, so kann die Korrekturfunktion L für jeden neu zu untersuchenden Schichtverbund, ohne erneuten Rechenaufwand durch das Neuronale Netz ermittelt werden. Sobald das Neurale Netz aufgestellt ist, ist der notwendige Aufwand zur Auswertung der Dehnungsauslösungen von Bohrlochversuchen, unter der Voraussetzung, dass der genaue Schichtaufbau bekannt ist, ähnlich gering wie bei Bohrlochversuchen an homogenen Materialzuständen. Der Aufwand zur Erstellung eines Neuronalen Netzes lohnt sich für Anwender der Bohrlochmethode gegenüber der Neuberechnung der Korrekturfunktion für jedes neue Schichtsystem jedoch nur, wenn viele Schichtsysteme mit unterschiedlichen E-Modulverhältnissen χ und Schichtdicken t_c untersucht werden sollen.

Die Berücksichtigung des Schichtaufbaus durch fallspezifische Kalibrierung oder durch die Dehnungskorrektur kann jeweils sowohl für die Integral- als auch für die Differentialmethode durchgeführt werden. Die zwei verschiedenen Auswerteansätze, die Integralmethode und die Differentialmethode, wurden im Abschnitt 5.2 unabhängig von der Berücksichtigung des Schichtaufbaus bei der Auswertung miteinander verglichen. Dabei kann festgestellt werden, dass die Integralmethode wesentlich sensibler auf Änderung des Schichtaufbaus reagiert als die Differentialmethode. Wird die Integralmethode mit Kalibierkonstanten für homogene Materialzustände zur Auswertung verwendet, so ist der entstehende Fehler zwischen 10 und 25% höher als bei der Differentialmethode (Abb. 7.3 und Abb. 5.8). Der höhere Fehler bei der Integralmethode hängt vor allem damit zusammen, dass die fehlerhaft berechneten Spannungen in den ersten Tiefeninkrementen auch die berechneten Spannungen in den späteren Tiefeninkrementen beeinflussen. Dieser Zusammenhang ist unabhängig von der Schichtproblematik und wurde für homogene Materialzustände unter anderem schon in [67], [68] in beschrieben. Wird dagegen der Schichtaufbau bei der Auswertung berücksichtigt, das heißt wird entweder die hier vorgeschlagenen Dehnungskorrektur vorgenommen oder werden fallspezifische Kalibrierkonstanten verwendet, so ist die Spannungsabweichung bei der Integralmethode sogar etwas geringer als bei der Differentialmethode (vgl. Abb. 7.3).

Die größten Unterschiede bei der Anwendbarkeit der beiden grundsätzlichen Auswerteansätze, integral oder differential, zeigen sich, wenn nicht über die Tiefe konstante Eigenspannungen, wie in den Simulationen der Parametervariation, sondern Eigenspannungszustände mit starken Spannungsgradienten vorliegen. Ein Beispiel hierfür ist der Spannungszustand im Substrat des thermisch gespritzten Aluminium-Stahl-Schichtverbunds, der in den Abschnitten 3.5.3 und 6.4 untersucht wurde. Der hier untersuchte Spannungsgradient ist mit 7 MPa/µm (vgl. Abb. 3.6 und Abb. 3.9) sehr hoch und wird im Gegensatz zur Integralmethode durch die Differentialmethode nur unzureichend abgebildet. Ähnliche Beobachtungen an homogenen Materialzuständen wurden in der Literatur von [74] auch schon bei kleineren Spannungsgradienten von lediglich 1 MPa/µm gemacht. Die Problematik der Spannungsgradienten, die nicht mehr ausreichend abgebildet werden können, besteht bei der inkrementellen Bohrlochmethode somit unabhängig von der Schichtproblematik.

Nichts desto trotz sollte auch die Differentialmethode zur Anwendung an Schichtverbunden nicht ausgeschlossen werden, vor allem, wenn im Schichtverbund keine steilen Spannungsgradienten, das heißt Spannungsgradienten kleiner als 1 MPa/µm, erwartet werden. Bei der Differentialmethode können im Gegensatz zur Integralmethode die notwendigen Kalibrierkurven experimentell an einem zum zu Untersuchendem Schichtverbund identischen Schichtverbund bestimmt werden, wenn es nicht möglich ist, fallspezifische Kalibrierkonstanten für einen Schichtverbund durch FE-Simulation zu berechnen. Dies ist der Fall, wenn die elastischen Eigenschaften des Schichtverbundes experimentell nicht hinreichend genau bestimmt werden können. Auch die Implementierung der Methode und die simulative Bestimmung der Kalibrierung sind bei der Differentialmethode deutlich einfacher durchzuführen.

Die bisher diskutierten auftretenden Spannungsabweichungen entstehen allein durch die Auswertemethodik. Dieser Fehler wird im Experiment immer durch statistische Fehler und Messungenauigkeiten überlagert. Um den Einfluss der Messungenauigkeiten zu minimieren, wird vor der eigentlichen Auswertung eine Konditionierung der Dehnungsauslösungen durchgeführt. Bei der Berechnung der Eigenspannungen durch die verschiedenen Auswertemethoden spielt nicht nur die Wahl der Auswertemethode sondern auch die Wahl des Glättungsparameters bei der Datenkonditionierung eine entscheidende Rolle. Eine Glättung der Dehnungsdaten sollte immer dann durchgeführt werden, wenn statistische Messwertstreuungen, zum Beispiel durch die Unsicherheit bei der Dehnungsmessung, die erfassten Dehnungsauslösungen beeinflussen. Durch die Glättung wird der Einfluss dieser Messwertstreuungen verringert. Starke Spannungsgradienten und Übergänge von Zug- zu Druckspannungen führen zu Knickpunkten im Dehnungsverlauf, wie sie in den Simulationsdaten (Abb. 4.5) aber auch in den am Aluminium-Stahl gemessenen Dehnungsdaten (Abb. 3.7) direkt am Interface ersichtlich waren. Werden nun die Dehnungsdaten über den gesamten Tiefenbereich zum Beispiel mit ausgleichenden kubischen Splines geglättet, so muss bei der Glättung der Dehnungsdaten darauf geachtet werden, dass diese Knickpunkte und die mit ihnen verbundenen Informationen bei der Glättung nicht verschwinden. Die Charakteristik des Dehnungsverlaufs sollte erhalten bleiben. Ansonsten können die daraus berechneten Eigenspannungstiefenverläufe die starken Spannungsgradienten nicht mehr abbilden. Der Anwender sollte bei der Datenkonditionierung darauf achten, dass die Glättung der Daten in einem ausreichenden Maß zur Verringerung der Streuung der Messdaten, aber auch nicht zu stark durchgeführt wird, so dass Knickpunkte im Dehnungssignal nicht verschwinden. Bei Schichtverbunden treten Knickpunkte im Dehnungssignal tendenziell direkt am Interface auf. Eine zu starke Glättung der Dehnungsauslösung, um den Spannungsgradient am Interface weiterhin abbilden zu können, sollte verhindert werden, in dem die Datenkonditionierung getrennt für Schicht und Substrat durchgeführt wird. Im speziellen Fall der Differentialmethode sollte nicht nur die Datenkonditionierung, sondern auch das Fitten der Dehnungsauslösung zum Beispiel an ein Polynom 5. Grades zur anschließenden Ableitung der Dehnungsauslösungen, wie in [69] oder auch in der hier verwendeten Auswertesoftware (vgl. Abschnitt 5.3) getrennt für Schicht und Substrat durchgeführt werden. Dies gilt sowohl für die gemessenen Dehnungsauslösungen als auch für die Dehnungsauslösungen zur Berechnung der Kalibrierdaten. Wird die Ableitung nicht getrennt durchgeführt, gehen in diesem Schritt bei der Auswertung ebenfalls Informationen von Knickpunkten verloren.

In Abschnitt 6.2 wurde gezeigt, dass die Bestimmung der Korrekturfunktionen für die Dehnungskorrektur über ein zu diesem Zweck trainiertem neuronalen Netz erfolgen kann. In dieser Arbeit wurde ein solches Netz für ein Parameterfeld von 10 µm $< t_c <$ 1000 µm und $0{,}1 < \chi < 4$ trainiert. Innerhalb dieser Grenzen können über das Neuronale Netz die Korrekturfunktionen zuverlässig bestimmt werden. Die Grenzen des Parameterfeldes können durch zusätzliche Simulationsrechnungen beliebig erweitert werden. Bei der Erweiterung des Datensatzes muss allerdings eventuell die Anzahl der Neuronen im Neuronalen Netz angepasst werden, um auch weiterhin die Zusammenhänge zwischen Schichtparametern und Dehnungsauslösung gut wiedergeben zu können. Die Genauigkeit eines Neuronalen Netzes hängt maßgeblich von der Qualität der Eingangsdaten ab. Sind die Eingangsdaten fehlerbehaftet, so werden die Fehler im Neuronalen Netz mit abgebildet. Aus diesem Grund bietet es sich an, Simulationsdaten zum Trainieren des Neuronalen Netzes zu verwenden. Außerdem ist es durch FE-Simulationen einfacher, unterschiedlichste Datensätze für eine Vielzahl an Parametern zu ermitteln. Die Genauigkeit des in dieser Arbeit verwendeten Neuronalen Netzes liegt bei einem mittleren Fehlerquadrat von 0,749 µm/m und einem Bestimmtheitsmaß von $R^2 >$ 0,9999. Damit liegt die Genauigkeit des Neuronalen Netzes innerhalb der Auflösungsgrenze der Dehnungsmessung mit Dehnmessstreifen, die im Bereich von etwa ±1µm/m liegt.

Ein Vorteil der Dehnungskorrektur ist die Möglichkeit der Skalierbarkeit des Problems durch die Normierung der Schichtdicke auf den Bohrlochdurchmesser. Das in dieser Arbeit aufgestellte Neuronale Netz gilt nur für ein konstantes Verhältnis von Bohrlochdurchmesser zu Rosettendurchmesser D_0/D = 0,35. Soll nun der Bohrlochdurchmesser geändert werden, muss die komplette Geometrie, das heißt auch die Geometrie der Bohrlochrosetten, mit skaliert werden. Bei der Verwendung von konventioneller DMS-Technik ist dies möglich, allerdings sind standardmäßig nur DMS-Rosetten mit den drei Bohrlochdurchmessern, 2,56 mm für D_{Bohrer} = 0,8 mm, 5,13 mm für D_{Bohrer} = 1,6 mm und 10,26 mm für D_{Bohrer} = 3,2 mm verfügbar [116]. Wird die Bohrlochmethode allerdings mit einer optischer Dehnungsmessung wie zum Beispiel der Electronic Speckle Patterern Interferometrie [56], [57], [58], [59] oder einer Grauwertkorrelation [52], [53] kombiniert, so sind Bohrlochdurchmesser unter Einhaltung des konstantem Verhältnis D_0/D auch zwischen den Durchmessern der Standard-DMS-Rosetten realisierbar.

Die Dehnungsauslösung hängt auch bei konstanter Spannung von der normierten Bohrlochtiefe z/D_0 ab (Abb. 2.4). Im Bereich von $0,1 < z/D_0 < 0,3$ ist die gemessene Dehnungsauslösung bezogen auf die konstante Spannung maximal (vgl. Abb. 2.4) und somit sind hier auch die pro Tiefeninkrement gemessenem Dehnungsauslösungen am größten. Durch die Skalierung des Bohrlochdurchmessers sollte nun der interessante Tiefenbereich einer Messung, im Fall von Schichtverbunden oftmals das Interface, in diesen Bereich gelegt werden. In diesem Bereich kann dann mit kleineren Tiefeninkrementen gebohrt werden, so dass die Genauigkeit und die örtliche Auflösung der Messung steigt, bzw. optimiert werden kann.

Im experimentellen Teil dieser Arbeit wurden ausschließlich thermisch gespritzte Schichtverbunde mit Schichtdicken um ca. 200 µm untersucht. Schichtverbunde werden durch andere Beschichtungsprozesse auch in anderen Größenordnungen hergestellt. Plattierungen haben häufig Schichtdicken von 2 - 5 mm teilweise sogar noch höher. PVD-Schichten haben dagegen teilweise nur Schichtdicken zwischen 1 µm und 10 µm [3]. Durch die Skalierung der Bohrlochdurchmessers in Kombination mit einer optischen Dehnungsmessung ist es möglich, auch an diesen Schichtsystemen Eigenspannungstiefenverläufe bei Verwendung der Dehnungskorrektur mit dem vorhandenem künstlichen neuronalen Netz sowohl in der Schicht als auch im Substrat zu bestimmen. Limitierender Faktor hinsichtlich immer kleinerer Bohrlochdurchmesser ist bei der Methode das

Auflösungsvermögen der Dehnmesstechnik und die Bohrtechnik. Bei Dünnschichten kann das Loch zum Beispiel mittels eines Focused Ion Beam (FIB) eingebracht und die Dehnungen durch Grauwertkorrelation von REM-Bildern schrittweise bestimmt werden. Die Technik wurde bereits erfolgreich genutzt, um einerseits Eigenspannungstiefenverläufe im Sub-µm-Bereich an homogenen Werkstoffen wie metallischen Gläsern zu bestimmen [117], [118], [119] oder um einen integralen Mittelwert der Eigenspannungen in Dünnschichten zu bestimmen [120]. Bei der Verkleinerung der Bohrlochdurchmesser muss allerdings darauf geachtet werden, dass das Auflösungsvermögen der Dehnmesstechnik ausreicht, um die Verformungen, die beim Einbringen des Bohrloches auftreten, messen zu können. Die Korrekturmethode kann prinzipiell auch in diesen Größenordnungen angewendet werden, so dass auch Eigenspannungstiefenverläufe in dünnen Schichten unter Anwendung des hier vorgestellten Ansatzes bestimmt werden können.

In der Literatur gibt es schon einige Arbeiten, in denen die Bohrlochmethode zur Bestimmung von Eigenspannungstiefenverläufen an Schichtverbunden eingesetzt wurde. In dieser Arbeit konnte gezeigt werden, dass der Schichtaufbau bei den meisten Anwendungen unbedingt berücksichtigt werden muss. Die fallspezifische Kalibrierung wie sie bereits von [86] angewendet wurde, ist eine Möglichkeit dazu. Eine andere Korrekturmethode wurde von Schwarz vorgeschlagen [69]. Die dort vorgeschlagene Methodik korrigiert die Spannungsergebnisse nach Anwendung der Differentialmethode für homogene Materialien. Die Korrektur bei Schwarz wird angewendet auf die ausgewerteten Spannungsergebnisse (vgl. Gleichungen (2.13)), während die Korrekturfunktionen allein auf Basis der Ableitung der Dehnungsauslösungen bestimmt werden (Gleichung (2.14)). Einflüsse der Auswertemethodik wie zum Beispiel die

Datenkonditionierung werden dadurch nicht berücksichtigt. Zusätzlich ging Schwarz bei der Bestimmung der dort verwendeten Korrekturfaktoren von einer idealen Haftung der Schicht auf dem Substrat aus. Die dadurch auftretenden Eigenspannungsumlagerungen bei der Lastaufprägung auf die Bohrlochinnenflächen wurden bei der Korrektur nicht berücksichtigt. Im Gegensatz zur Korrektur von Schwarz ist die in dieser Arbeit vorgeschlagene Dehnungskorrektur nicht auf die Differentialmethode beschränkt, sondern kann auch auf die Integralmethode nach Schajer angewendet werden. Da die Methode von Schwarz [69] auf der Differentialmethode basiert, werden starke Spannungsgradienten nur unzureichend abgebildet (vgl. Abb. 2.9). Die hier vorgeschlagene Methode der Dehnungskorrektur bildet dagegen Spannungsgradienten und sogar Spannungssprünge sehr zuverlässig ab, vor allem wenn die Integralmethode verwendet wird.

Die Bohrlochmethode ist nicht auf die hier untersuchten thermisch gespritzten Schichten beschränkt. Auch an Schichtsystemen, die aus mehr als zwei Schichten bestehen, oder an Gradientenschichten kann die Bohrlochmethode zur Analyse von Eigenspannungstiefenverläufen verwendet werden. Die hier vorgeschlagene Korrekturmethode kann in diesen Fällen nur dann angewendet werden, wenn die Korrekturfunktion für das Schichtsystem unter Kenntnis der lokalen Eigenschaften berechnet wird. Die Verwendung des hier aufgestellten Netzes ist nicht mehr möglich. Unabhängig von der Schicht können zur Auswertung jedoch auch immer fallspezifische Kalibrierkonstanten berechnet werden.

Die Verwendung eines Neuronalen Netzes bietet sich nicht nur zur Korrektur des Schichteinflusses an. Sobolevski [72] hat in seiner Arbeit den Einfluss von realen Bauteilgeometrien, unter anderem der Dicke eines Bauteils oder der Oberflächenkrümmung, auf die Dehnungsauslösung und die Spannungsauswertung mit der Differentialmethode untersucht. Dabei wurde auch gezeigt, dass bei Verletzung der geometrischen Randbedingung () fallspezifisch berechnete Kalibrierkurven notwendig sind. Hinsichtlich der geometrischen Randbedingungen ist es möglich, die notwendigen Kalibrierkurven mittels eines Neuronalen Netzes zu bestimmen. Dieses Netz besitzt in dem Fall zum Beispiel die Bauteildicke als Eingangsgröße und als Ausgangsgröße fallspezifische Kalibrierkonstanten, die die Bauteildicke berücksichtigen. Alternativ zu fallspezifischen Kalibrierkonstanten ist es auch möglich, dass direkt die Dehnungsauslösungen hinsichtlich des Geometrieeinflusses korrigiert werden, so dass die korrigierten Dehnungsauslösungen sowohl mit der Differential- als auch mit der Integralmethode ausgewertet werden können. Bei homogenen Werkstoffzuständen ist die Korrektur unabhängig von der Auswertemethodik, da die berechnete Dehnungsauslösungen in der Simulation, wie in Abb. 4.4 dargestellt, unabhängig von der Art der Lastaufprägung sind.

Auf Basis der Simulationsergebnisse kann zusammenfassend gesagt werden, dass die inkrementelle Bohrlochmethode eine zuverlässige Möglichkeit zur Bestimmung von Eigenspannungstiefenverläufen an Schichtverbunden bietet. Hierbei sollten folgende Punkte berücksichtigt werden:

- die elastischen Konstanten der einzelnen Materialien des Schichtverbundes müssen bekannt sein
- bei der Auswertung müssen die lokalen elastischen Eigenschaften entweder durch fallspezifische Kalibrierkurven oder durch die Dehnungskorrektur berücksichtigt werden
- die Datenkonditionierung sollte getrennt für die Schicht und das Substrat durchgeführt werden.

- durch Skalierung des Bohrlochdurchmessers kann dieser auf den Schichtverbund und den jeweils interessierenden Bereich angepasst werden

7.2 Experimentelle Anwendung der Bohrlochmethode an Schichtverbunden

Die Dehnungsauslösungen, die beim Einbringen des Bohrlochs in die thermisch gespritzte Aluminiumschicht auf dem Stahlsubstrat gemessen wurden, können mit den Ergebnissen der FE-Simulation (Abschnitt 0 und 0) auch unter Berücksichtigung des Schichtaufbaus und der Schichteigenschaften ausgewertet werden.

Diese Ergebnisse der inkrementellen Bohrlochmethode sollen anschließend mit den Ergebnissen der komplementär durchgeführten röntgenographischen Eigenspannungsanalyse in Kombination mit elektrochemischem Subschichtabtrag verglichen werden. Beim Vergleich mit den röntgenographischen Eigenspannungstiefenverläufen ist allerdings zu beachten, dass die Eigenspannungsumlagerungen durch den lokalen elektrolytischen Subschichtabtrag bei der Ermittlung des röntgenographischen Eigenspannungstiefenverlaufs nicht korrigiert wurden. Durch den Abtrag einer Fläche von etwa 1 cm^2 sollten die auftretenden Umlagerungen allerdings vernachlässigbar sein. Beim elektrochemischen Abtrag der thermisch gespritzen Schicht, kann es auf Grund der hohen Porosität lokal zum Ablösen der Schicht kommen. Dieses lokale Ablösen beeinflusst wiederum die Spannungsmessung in der Schicht bzw. kann sie evtl. unmöglich machen. Die Spannungsmessung im Substrat wird dagegen durch das lokale Ablösen der Schicht nicht beeinflusst. Auch die tiefenabhängige Gewichtung mit den Volumenanteilen über den Ansatz eines sinusförmigen Interfaces ist nur eine erste Näherung zur besseren

Vergleichbarkeit der röntgenographischen Eigenspannungen mit den Ergebnissen der Bohrlochmethode. Röntgenographisch wurden die Eigenspannungen phasenspezifisch bestimmt. Die vorliegende Porosität in der Aluminiumschicht wurde bei der Auswertung der röntgenographischen Eigenspannungsanalyse nicht berücksichtigt. Dies bedeutet für die Ermittlung der makroskopischen Eigenspannungen, dass die phasenspezifischen Eigenspannungen um den Anteil der Porosität reduziert werden müssten. Da die Eigenspannungen in der Schicht sehr gering (etwa 20 MPa) sind, beträgt der absolute Unterschied zwischen den phasenspezifischen und makroskopischen Eigenspannungen jedoch nur 1-2 MPa.

Vergleicht man zunächst die röntgenographisch gemessen Eigenspannungen im unbeschichteten Substrat (Abb. 3.6) mit den gemessenen Eigenspannungen im Substrat am Schichtverbund (Abb. 7.5), so zeigen diese eine sehr gute Übereinstimmung. Gleiches gilt, wenn die inkrementelle Bohrlochmethode unter Verwendung der Integralmethode zur Eigenspannungsbestimmung verwendet wird (Abb. 3.6). Dies deutet daraufhin, dass zumindest im Substrat der Eigenspannungstiefenverlauf röntgenographisch recht zuverlässig bestimmt werden konnte.

Die in Abb. 3.7 gezeigten experimentellen Dehnungsauslösungen, die am thermisch gespritzten Aluminium-Stahl Schichtverbund gemessen wurden, wurden ebenfalls unter der Berücksichtigung des Schichtaufbaus und der in Abschnitt 3.5.2 ermittelten elastischen Konstanten ausgewertet. Die Verwendung von fallspezifischen Kalibrierdaten, die basierend auf den Schichtparametern, Schichtdicke und E-Modulverhältnis, mittels FE-Simulation berechnet werden, zeigt im Gegensatz zur Verwendung der Standardmethoden eine etwas bessere Übereinstimmung der Eigenspannungstiefenverläufe zwischen den Bohrloch- und den Röntgenergebnissen. Der Vergleich ist in Abb. 7.5 zu sehen. In der Schicht werden die Eigenspannungen nur noch um maximal 30 MPa im Gegensatz zu 100 MPa unter Verwendung von Kalibrierkonstanten für homogene Werkstoffe überschätzt. Auch der steile Spannungsgradient am Interface wird besser abgebildet. Wie schon an der Eigenspannungsmessung am Substrat (Abschnitt 3.5.3) und am Beispiel des simulativ aufgeprägten Spannungszustand (Abschnitt 6.4) zu sehen, bildet die Integralmethode steile Spannungsgradienten besser ab als die Differentialmethode [84]. Dies bestätigt die Auswertung am Aluminium-Stahl Schichtverbund. Auch hier wird zumindest der Spannungsgradient am Interface von der Integralmethode besser wiedergegeben. Allerdings bilden beide Methoden den Abfall der Druckeigenspannungen in der Tiefe nur unzureichend ab. Ab einer Bohrlochtiefe von 0,6 mm bleibt das Eigenspannungsniveau annähernd konstant, im Falle der Differentialmethode bei -50 MPa, die Werte der Integralmethode pendeln um 0 MPa. Ähnliche Ergebnisse wie die fallspezifische Kalibrierung liefert die in dieser Arbeit vorgeschlagene Methode der Korrektur der Dehnungsauslösung und der anschließenden Auswertung mit den konventionellen Auswertemethoden, wie in Abb. 7.6 dargestellt.

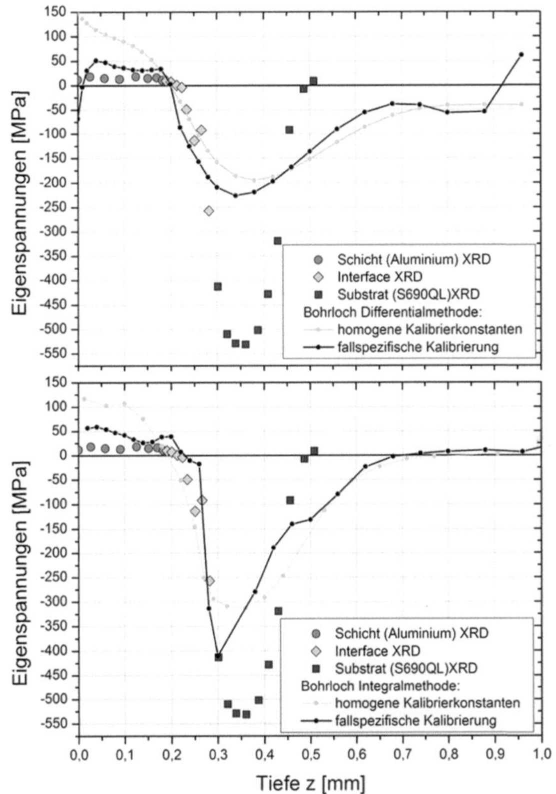

Abb. 7.5: Vergleich der Eigenspannungsergebnisse der phasenspezifischen röntgenographischen Eigenspannungsanalyse (XRD) mit der fallspezifischen Auswertung der Bohrlochergebnisse des thermisch gespritzten Aluminium-Stahl(S690QL)-Schichtverbundes, oben: Differentialmethode, unten: Integralmethode

Qualitativ und quantitativ stimmen die Ergebnisse der neuen Methode mit denen der fallspezifischen Kalibrierkurven überein. Auch hier wird ein konstanter Zugeigenspannungszustand von 50 MPa in der Schicht und ein starker Spannungsgradient am Interface ermittelt.

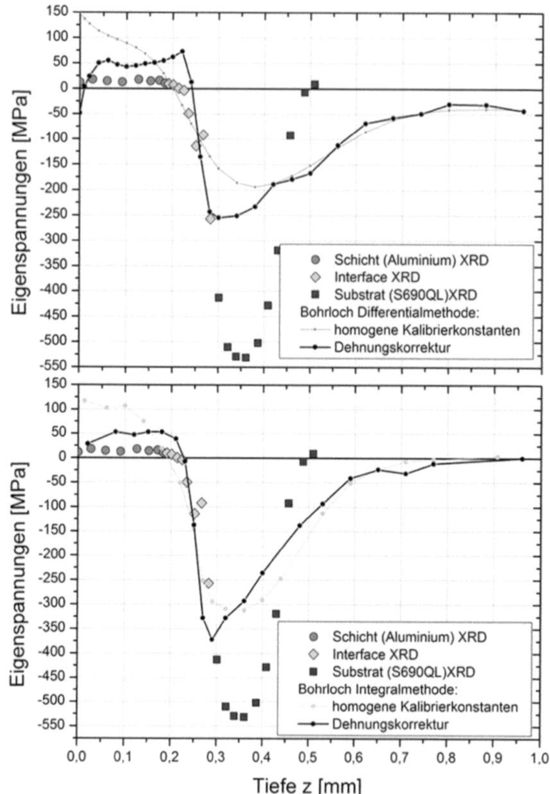

Abb. 7.6: Vergleich der Eigenspannungsergebnisse der phasenspezifischen röntgenographischen Eigenspannungsanalyse (XRD) mit Auswertung der Bohrlochergebnisse nach Dehnungskorrektur des thermisch gespritzten Aluminium-Stahl(S690QL)-Schichtverbundes, oben: Differentialmethode, unten: Integralmethode

Die Höhe der maximalen Druckeigenspannungen im Substrat wird ebenfalls um 150 MPa bei der Integral- und um 250 MPa bei der Differentialmethode unterschätzt. Es bleibt festzuhalten, dass der Eigenspannungszustand in der Schicht und am Interface bis zu einer Tiefe von circa 0,3 mm durch die Bohrlochmethode bei anschließender Auswertung mit fallspezifischer Kalibrierung bzw. mit der hier vorgeschlagenen Dehnungskorrektur deutlich besser wiedergegeben wird als durch die kommerziell erhältlichen Standardmethoden. Im Bereich der Schicht und des

Interfaces stimmen die Bohrlochergebnisse mit der komplementär durchgeführten röntgenographischen Spannungsanalyse gut überein. Dagegen weichen bei der experimentellen Anwendung der Methode an thermisch gespritzten Schichtverbunden bestimmten Eigenspannungstiefenverläufe im Substrat ab einer Tiefe von 0,3 mm deutlich von den röntgenographischen Eigenspannungstiefenverläufen ab.

Dies sah bei den Ergebnissen der FE-Simulation anders aus, auch im Substrat konnten die vorliegenden aufgeprägte Spannungszustände und auch die Spannungsgradienten zuverlässig abgebildet werden (vgl. Abb. 6.18).

Wenn thermisch gespritzte Schichten im Speziellen betrachtet werden, gibt es viele Faktoren, die die Dehnungsauslösung beeinflussen können. Zu diesen Einflussgrößen gehören

- die effektiven elastischen Konstanten
- Zwischenschichten
- Interfacerauheit
- Oberflächenrauheit
- Haftfestigkeit der Schicht auf dem Substrat
- Plastizierungseffekte durch Eigenspannungen größer 60% der Streckgrenze
- zu starke Spannungsgradienten

Der Einfluss der genannten Faktoren auf die Spannungsbestimmung konnte teilweise über FE-Simulation abgeschätzt werden, wie zum Beispiel im Fall der Interfacerauheit, der Zwischenschichten (Kapitel 5.4.2 und 5.4.3) oder der Spannungsgradienten (Kapitel 6.4) geschehen. Wie sich die einzelnen Größen allerdings gegenseitig beeinflussen, kann jedoch nicht bzw. nur sehr schwer identifiziert werden.

Wichtig bei der Anwendung der Bohrlochmethode an Schichtverbunden sind vor allem die genaue Charakterisierung des Aufbaus des Schichtverbundes und die Bestimmung der elastischen Eigenschaften der Schichten. Bei der hier untersuchten metallischen Aluminium-Schicht weichen die experimentell bestimmten elastischen Eigenschaften nur geringfügig von denen des Vollmaterials ab. Dennoch bleibt die Bestimmung des E-Moduls über die instrumentierte Eindringtiefe lediglich eine grobe Abschätzung. Für eine genaue Bestimmung der Eigenspannungen ist eine möglichst exakte und statistisch abgesicherte Bestimmung der Eingangsparameter, unter anderem der elastischen Konstanten, notwendig. Die Unsicherheiten bei der Bestimmung der elastischen Konstanten bestimmen zum großen Teil auch den Fehler bei der Eigenspannungsbestimmung.

Die hohen Spannungen im Substrat lassen gleichzeitig vermuten, dass es zu einer Plastizierung des Materials am Bohrlochgrund kommt. Plastizierungseffekte führen im Allgemeinen zu einer Überschätzung der Eigenspannungen [73], [74]. Durch das Sandstrahlen zur Substratvorbereitung werden in das Substrat hohe Druckeigenspannungen, die durchaus 60% der Ausgangsstreckgrenze des Materials überschreiten können, eingebracht. Das Sandstrahlen führt allerdings ebenso zu einer lokalen Werkstoffverfestigung und damit zu einer lokalen Anhebung der Streckgrenze. In dem hier untersuchten Aluminium-Stahl-Schichtverbund hat die lokale Plastizierung des Materials nur einen sehr geringen Einfluss auf die Dehnungsauslösung und somit auch auf die Eigenspannungsberechnung. Die Vermutung wird zusätzlich dadurch unterstützt, dass am unbeschichteten Substrat die Ergebnisse der Integralmethode sehr gut mit den Ergebnissen der XRD-Messungen übereinstimmen. Das Auftreten von Plastizierungseffekten kann jedoch nicht generell für thermisch gespritzte Schichtverbunde ausgeschlossen werden.

An den simulierten Eigenspannungstiefenverläufen war deutlich zu sehen, dass die Differentialmethode starke Spannungsgradienten nicht hinreichend genau abbildet. Dies wird durch die experimentellen Ergebnisse bestätigt. Allerdings weichen nicht nur die Ergebnisse der Differential- sondern auch die der Integralmethode von denen der röntgenographischen Eigenspannungsanalyse ab. Im Experiment sind die gemessenen Dehnungsauslösungen im Bereich des Substrats wesentlich geringer als in der Simulation berechnet. Dies führt dementsprechend auch zur Berechnung von geringeren Eigenspannungen durch die Integralmethode. In der Simulation wird grundsätzlich von einer idealen Haftung der Schicht auf dem Substrat und somit von einer kompletten Dehnungsübertragung vom Substrat über die Schicht zur DMS ausgegangen. Betrachtet man das Interface genauer (Abb. 3.3), so kann festgestellt werden, dass in diesem Bereich viele Poren auftreten. Die Rauheit des Interfaces und Poren direkt am Interface können die Bohrlochmessung beeinflussen. Die Rauheit kann bei geeigneter Wahl der Schichtdicke bei der Auswertung, das heißt Kalibrierung oder Korrektur mit der mittleren Schichtdicke t_m, vernachlässigt werden. Die Poren dagegen beeinflussen einerseits die Haftung der Schicht auf dem Substrat und andererseits können sie dazu führen, dass die Verformungen des Substrats nicht zu 100% in die Schicht und somit an die Oberfläche übertragen werden, so dass die gemessenen Dehnungsauslösungen geringer sind als man sie bei einer idealen Haftung erwarten würde. Dies führt dazu, dass die Druckspannungen im Substrat unterschätzt werden. Zusätzlich können Poren und Risse am Interface durch die beim Bohren auftretenden Dehnungen zum vollständigen oder lokalen Lösung der Schicht führen, wie auch schon in der Literatur von verschiedenen Autoren berichtet wurde [69], [86]. Die Haftungsproblematik tritt nicht auf, wenn Schichtsystemen über eine nahezu ideale Haftung auf dem Substrat verfügen, wie es zum Beispiel bei Diffusionsschichten der Fall ist.

Nicht nur die Rauheit am Interface, sondern sicherlich auch die Oberflächenrauheit hat bei thermisch gespritzten Schichten einen großen Einfluss auf die Genauigkeit der Messmethodik, wenn die Schichten direkt nach der Schichtabscheidung untersucht werden sollen. Bei hohen Oberflächenrauheiten ist vor allem die Definition der Oberfläche und somit den Nullpunkt der Messung ein entscheidendes Problem, dass sich wesentlich auf die gemessenen Dehnungsauslösungen auswirkt. Hier müssen nicht nur für Schichtverbunde, sondern auch für homogene Werkstoffzustände mit hohen Oberflächenrauheitswerten noch sinnvolle Strategien gefunden werden, die den Einfluss korrigieren bzw. den daraus entstehenden Fehler minimieren oder zumindest eine Bewertung des Einflusses der Oberflächenrauheit auf die Spannungsermittlung zulassen.

Bei thermisch gespritzten Schichten spielt die Oberflächenrauheit dann eine Rolle, wenn die Schichten direkt nach dem Spritzen ohne Nachbearbeitung untersucht werden sollen. Zusätzlich erschweren hohe Oberflächenrauheiten die DMS-Applikation, wie es auch in Abb. 3.8 zu sehen ist. Die verwendbaren Kleber, in der Regel 2K-Epoxidharzkleber, können nicht so dünn aufgetragen werden, wie die standardmäßig verwendeten Sekundenkleber auf Cyanacrylatbasis. Dies kann zu einer Kleberschicht von bis zu 100 µm zwischen der Probenoberfläche und der DMS-Rosette führen. Typische E-Module für Epoxidharzkleber liegen im Bereich von 5-8 GPa. Die Dicke der Kleberschicht beeinflusst die Messung der Dehnungsauslösung und dies führt somit auch zu einem Fehler bei der Eigenspannungsermittlung. Wird der Fehler über eine Finite Element Simulation abgeschätzt, so ist der entstehende Fehler durch die Kleberschicht in der Schicht geringer als 10%, das heißt 10 MPa bei einer Soll-Spannung von 107 MPa, und im Substrat geringer als 5%, dies bedeutet einen absoluten Fehler von 15 MPa bei einer Soll-Spannung von 340 MPa. Die Daten wurden für das Modellschichtsystem mit einem E-Modulverhältnis von $\chi = 0{,}3$ und $t_c = 250$ µm bei einer Kleberschicht von 100 µm bestimmt. Der Fehler tritt systematisch bei hohen Oberflächenrauheiten und der Verwendung von DMS auf und kann somit bei der Bewertung der Ergebnisse berücksichtigt werden. Der Einfluss der Oberflächenrauheit wird vernachlässigbar, wenn optische Dehnungsmessung eingesetzt, wird, da hier der Einfluss der Kleberschicht entfällt.

Bei der Simulation der Bohrlochmethode wird standardmäßig von einer idealen Sacklochgeometrie ausgegangen. Bei der experimentellen Anwendung weicht die Geometrie des gebohrten Sacklochs allerdings bedingt durch die Geometrie der verwendeten Fräser von dieser idealen Geometrie ab (vgl. Abb. 3.8). Diese Abweichung wird im Allgemeinen bei der Bestimmung der Kalibrierkonstanten in der FE-Simulation und dementsprechend auch bei der Auswertung der Dehnungsauslösungen nicht berücksichtigt. Den größten Einfluss hat die veränderte Geometrie im Bereich der Schicht. Für den Fall, dass ausschließlich ein integraler Mittelwert der Eigenspannungen in der Schicht bestimmt werden sollen, kann der Einfluss der Geometrie, wie von [80] durchgeführt, berücksichtigt werden, in dem das Loch nur bis zum Interface gebohrt wird und anschließend über ein lichtmikroskopische oder REM Untersuchungen die genaue Bohrlochgeometrie ermittelt wird. Die Bohrlochgeometrie kann dann in einer fallspezifischen Kalibrierung berücksichtigt werden. Beim inkrementellen Bohren zur Bestimmung von Eigenspannungstiefenverlaufen ändert sich die Lochgeometrie mit jedem Bohrschritt. Diese Änderung kann allerdings bei Verwendung von DMS-Rosetten nicht während der Bohrlochmessung detektiert werden. Die Nichtberücksichtigung der Fase des Fräsers führt tendenziell eher zu einer Unterschätzung der tatsächlichen Eigenspannung, da bei der Auswertung von einem größeren Bohrlochdurchmesser ausgegangen wird. Mit zunehmender Bohrlochtiefe sollte sich der Einfluss der abweichenden Bohrlochgeometrie verringern.

Zur Fehlerberechnung bei der Bohrlochmethode wurden in der Literatur bereits einige Vorschläge gemacht, von denen sich, wie in Abschnitt 2.3.3 erwähnt, bis dato noch keiner durchgesetzt hat. Der auftretende Fehler ist bei Schichtverbunden hauptsächlich von der gewählten Auswertemethodik abhängig. Häufig wird ein Fehler von ± 30 MPa für Bohrlochergebnisse angegeben. Bei Schichten kann grundsätzlich von einem Fehler in einer ähnlicher Größenordnung ausgegangen werden, wenn der Schichteinfluss bei der Spannungsauswertung berücksichtigt wird. Er wird allerdings maßgeblich davon beeinflusst, wie genau die elastischen Eigenschaften der Schicht bestimmt werden können. Qualitative bzw. vergleichende Analysen können jedoch auch bei Schichtsystemen durchgeführt werden, bei denen die elastischen Eigenschaften nur grob abgeschätzt werden können.

In dieser Arbeit wurde gezeigt, dass die inkrementelle Bohrlochmethode zur Eigenspannungsbestimmung an Schichtverbunden, in denen sowohl die Schicht als auch das Substrat isotrope elastische Eigenschaften besitzen, geeignet ist. Bei einigen Beschichtungsverfahren entstehen bei der Abscheidung stark ausgeprägte Texturen, wie zum Beispiel bei galvanisch hergestellten Schichten. Die bisherige Auswertung für Schichtverbunde geht von in der Schichtebene isotropen, elastischen Eigenschaften aus und gilt nicht für anisotropes Materialverhalten. Wie die Textur der

Schichten bei der Auswertung berücksichtigt werden kann, eventuell ebenfalls durch eine fallspezifische Kalibrierung, oder bis zu welcher Ausprägung von Texturen diese vernachlässigt werden kann, muss noch weiter untersucht werden.

Gleiches gilt, wenn Schichten mit elastischen isotropen Eigenschaften auf texturierte oder sogar einkristalline Werkstoffe aufgetragen werden. Dies ist zum Beispiel der Fall, wenn Wärmedämmschichten (TBC) auf einkristalline Turbinenschaufeln gespritzt werden. Die anisotropen Eigenschaften werden sich auf die elastischen Eigenschaften des Gesamtsystems auswirken und die Dehnungsauslösung schon im Bereich der Schicht beeinflussen. Dies bedeutet zum Bespiel, dass im Falle eines rotationsymmetrischen Spannungszustandes, die Dehnungsauslösungen bereits im Bereich der Schicht nicht mehr richtungsunabhängig sind.

Insgesamt bleibt festzuhalten, dass die inkrementelle Bohrlochmethode prinzipiell eine zuverlässige Möglichkeit zur Bestimmung von Eigenspannungstiefenverläufen an Schichtverbunden bietet. Hierfür muss der Schichtaufbau bei der Auswertung der Dehnungsauslösung beachtet werden. Wichtig ist vor allem eine zuverlässige Bestimmung der elastischen Konstanten. Bei thermisch gespritzten Schichten ist zu beachten, dass nicht ideale Haftfestigkeit die Eigenspannungsbestimmung mit der inkrementellen Bohrlochmethode beeinflussen kann.

Mit der inkrementellen Bohrlochmethode ist es möglich, schnell und zuverlässig Eigenspannungstiefenverläufe auch prozessbegleitend zu bestimmen. Im Gegensatz zur röntgenographischen Eigenspannungsanalyse können nicht nur Eigenspannungsanalysen an kleinen Proben, sondern auch an komplexen Bauteilen bei Einhaltung der geometrischen Randbedingungen der Bohrlochmethode durchgeführt werden. Des weiteren ermöglicht die inkrementellen Bohrlochmethode die Ermittlung von Eigenspannungstiefenverläufen auch an keramischen Schichtverbunden, an denen röntgenographisch unter Verwendung konventionell erzeugter Röntgenstrahlung diese Eigenspannungstiefenverläufe nur unter sehr hohem Aufwand in Kombination mit einem mechanischem Abtrag ermittelt werden können.

8 Zusammenfassung

In dieser Arbeit wurde die inkrementelle Bohrlochmethode zur lokalen Eigenspannungsanalyse an Schichtverbunden angewendet. Es wurde zunächst durch Finite Element Simulationen gezeigt, dass die bereits bestehenden Auswertemethoden der inkrementelle Bohrlochmethode für homogene Werkstoffzustände unter Einhaltung gewisser Randbedingungen auch an Schichtverbunden eingesetzt werden können. Dazu gehören Schichtsysteme mit einem E-Modulverhältnis nahe eins, das heißt mit $\chi = E_{Schicht}/E_{substrat}$ zwischen 0,8 und 1,2. Haben die Schichten eine auf den Bohrlochdurchmesser normierte Schichtdicke $t_{c,n} = t_c/D_0$ größer als 0,45, so kann der Eigenspannungszustand in der Schicht auch unter Verwendung der Standardauswertemethoden, der Differential- und der Integralmethode, in ihrer Formulierung für homogene Werkstoffzustände ebenfalls verwendet werden. Gleiches gilt für die Bestimmung des Eigenspannungszustands im Substratwerkstoff, wenn die normierte Schichtdicke dünner als 0,0138 ist.

Es wurde gezeigt, dass an Schichtverbunden, die außerhalb dieser Grenzen liegen, bei der Auswertung der Schichtaufbau berücksichtigt werden muss. Dies kann einerseits durch fallspezifische Kalibrierkurven geschehen. In dieser Arbeit wurde andererseits eine Korrektur der Dehnungsauslösungen vorgeschlagen. Dabei wird der Einfluss des Schichtaufbaus durch Multiplikation der Dehnungen mit einem Korrekturfunktion berücksichtigt. Die so korrigierten Dehnungsauslösungen können dadurch auch mit kommerziell erhältlichen Programmen ausgewertet werden. Die

Korrekturfunktion hängt vom E-Modul-Verhältnis, der Schichtdicke und der Bohrlochtiefe ab. Die Berechnung der Korrekturfunktion mit einem Neuronalen Netz, das in Abhängigkeit des E-Modul-Verhältnisses, der Schichtdicke und der Lochtiefe den dazugehörigen Korrekturfaktor bestimmt, ermöglicht es, die inkrementelle Bohrlochmethode ohne hohen Rechenaufwand an beliebigen Zweischichtsystemen anzuwenden.

Der Einfluss von nichtideal glatten Interfaces und Zwischenschichten im Schichtsystem auf die Eigenspannungsanalyse wurde ebenfalls untersucht. Die Rauheit des Interfaces kann bei Verwendung der mittleren Schichtdicken für die Dehnungskorrektur in vielen Fällen vernachlässigt werden. Die Ergebnisse zeigen, dass auch Zwischenschichten mit Schichtdicken kleiner als 20 µm bei der Auswertung nicht berücksichtigt werden müssen. Sind die Zwischenschichten dicker als 20 µm, können die Dehnungsauslösungen immer mit fallspezifisch berechneten Kalibrierkurven ausgewertet werden. Gleiches gilt auch für Schichtsystem, die aus mehr als drei Lagen aufgebaut sind.

Die Ergebnisse der Finite-Element-Simulation wurden an einem Modellschichtsystem bestehend aus einer thermisch gespritzten Aluminiumschicht auf einem Stahlsubstrat angewendet. Der Eigenspannungszustand wurde im Schichtsystem sowohl in der Schicht als auch im Substrat mit der inkrementellen Bohrlochmethode bestimmt. Die Ergebnisse der unterschiedlichen Auswertemethoden wurden mit den Ergebnissen der röntgenographischen Spannungsanalyse verglichen. Bei Verwendung fallspezifisch berechneter Kalibrierkurven oder der Dehnungskorrektur kann der Eigenspannungszustand in der Schicht, am Interface und in den ersten Tiefenschritten des Substrats gut wiedergeben werden. Eigenschaften von thermisch gespritzten Schichten, die bei der Bewertung der Eigenspannungsergebnissen an thermisch gespritzten Schichten berücksichtigt werden müssen, sind vor allem Porosität der Schichten und ihr Einfluss auf die elastischen Kenngrößen genauso wie die nichtideale Haftfestigkeit der Schichten auf dem Substrat, die zu einer unvollständigen Übertragung der Dehnungsauslösungen vom Substrat zur DMS an der Probenoberfläche führen.

Zusammenfassend bietet die inkrementelle Bohrlochmethode eine schnelle und zuverlässige Möglichkeit zur Bestimmung von Eigenspannungstiefenverläufen in Dickschichtsystemen, wenn die in dieser Arbeit vorgestellten Methoden zur Berücksichtigung des Schichtaufbaus angewendet werden.

9 Literaturverzeichnis

[1] N. P. Padture, M. Gell, und E. H. Jordan, „Thermal Barrier Coatings for Gas-Turbine Engine Applications", *Science*, Bd. 296, Nr. 5566, S. 280 –284, Apr. 2002.

[2] L. Sun, C. C. Berndt, K. A. Gross, und A. Kucuk, „Material fundamentals and clinical performance of plasma-sprayed hydroxyapatite coatings: A review", *Journal of Biomedical Materials Research*, Bd. 58, Nr. 5, S. 570–592, 2001.

[3] R. A. Haefer, *Oberflächen- und Dünnschicht-Technologie: Teil I: Beschichtungen von Oberflächen*, 1. Aufl. Springer-Verlag, 1987.

[4] T. W. Clyne und S. C. Gill, „Residual Stresses in Thermal Spray Coatings and Their Effect on Interfacial Adhesion: A Review of Recent Work", *J. Therm. Spray Technol.*, Bd. 5, Nr. 4, S. 401–418, Dez. 1996.

[5] E. Macherauch, H. Wohlfahrt, und U. Wolfstieg, „Zur zweckmäßigen Definition von Eigenspannungen", *Härterei-Technische Mitteilungen*, Bd. 28, Nr. 3, S. 201–211, 1973.

[6] P. J. Withers und H. K. D. H. Bhadeshia, „Residual stress. Part 2 – Nature and origins", *Mater. Sci. Tech.*, Bd. 17, Nr. 4, S. 366–375, 2001.

[7] P. J. Withers und H. K. D. H. Bhadeshia, „Residual stress. Part 1 – Measurement techniques", *Mater. Sci. Tech.*, Bd. 17, Nr. 4, S. 355–365, 2001.

[8] E. Macherauch und A. Kloos, „Origin, Measurement and Evaluation of Residual Stresses“, *Residual Stresses in Science and Technology*, Bd. 1, S. 3–26, 1987.

[9] S. Kuroda und T. W. Clyne, „The quenching stress in thermally sprayed coatings“, *Thin Solid Films*, Bd. 200, Nr. 1, S. 49–66, Mai 1991.

[10] S. Kuroda, T. Fukushima, und S. Kitahara, „Significance of quenching stress in the cohesion and adhesion of thermally sprayed coatings“, *Journal of Thermal Spray Technology*, Bd. 1, S. 325–332, Dez. 1992.

[11] S. Kuroda, T. Fukushima, und S. Kitahara, „Generation mechanisms of residual stresses in plasma-sprayed coatings“, *Vacuum*, Bd. 41, Nr. 4–6, S. 1297–1299, 1990.

[12] B. Eigenmann und E. Macherauch, „Röntgenographische Untersuchung von Spannungszuständen in Werkstoffen. Teil III.“, *Materialwissenschaft und Werkstofftechnik*, Bd. 27, Nr. 9, S. 426–437, Sep. 1996.

[13] S. Sampath, X. . Jiang, J. Matejicek, L. Prchlik, A. Kulkarni, und A. Vaidya, „Role of thermal spray processing method on the microstructure, residual stress and properties of coatings: an integrated study for Ni–5 wt.%Al bond coats“, *Materials Science and Engineering A*, Bd. 364, Nr. 1–2, S. 216–231, Jan. 2004.

[14] L. Pawlowski, *The Science and Engineering of Thermal Spray Coatings*, 2. Auflage. John Wiley & Sons, 2008.

[15] B. J. Griffiths, D. T. Gawne, und G. Dong, „The role of grit blasting in the production of high-adhesion plasma sprayed alumina coatings“, *Proceedings of the Institution of Mechanical Engineers, Part B: Journal of Engineering Manufacture*, Bd. 211, Nr. 1, S. 1 –9, Jan. 1997.

[16] B. J. Griffiths, D. T. Gawne, und G. Dong, „A Definition of the Topography of Grit-Blasted Surfaces for Plasma Sprayed Alumina Coatings", *J. Manuf. Sci. Eng.*, Bd. 121, Nr. 1, S. 49–53, Feb. 1999.

[17] V. M. Hauk, R. W. M. Oudelhoven, und G. J. H. Vaessen, „The state of residual stress in the near surface region of homogeneous and heterogeneous materials after grinding", *Metall. Trans. A*, Bd. 13, Nr. 7, S. 1239–1244, Juli 1982.

[18] R. Gadow, M.J. Riegert-Escribano, und M. Buchmann, „Residual Stress Analysis in Thermally Sprayed Layer Composites, Using the Hole Milling and Drilling Method", *J. Therm. Spray Technol.*, Bd. 14, Nr. 1, S. 100–108, März 2005.

[19] R. T.. McGrann, D.. Greving, J.. Shadley, E.. Rybicki, T.. Kruecke, und B.. Bodger, „The effect of coating residual stress on the fatigue life of thermal spray-coated steel and aluminum", *Surf. Coat. Technol.*, Bd. 108–109, S. 59–64, Okt. 1998.

[20] A. J. Perry, J. A. Sue, und P. J. Martin, „Practical measurement of the residual stress in coatings", *Surf. Coat. Technol.*, Bd. 81, Nr. 1, S. 17–28, Mai 1996.

[21] M. Wenzelburger, D. López, und R. Gadow, „Methods and application of residual stress analysis on thermally sprayed coatings and layer composites", *Surf. Coat. Technol.*, Bd. 201, Nr. 5, S. 1995–2001, Okt. 2006.

[22] D.J. Buttle, V. Moorthy, und B. Shaw, „Determination of Residual Stresses by Magnetic Methods", *Measurement Good Practice Guide*, Bd. No. 88.

[23] Robert E. Green, „Ultrasonic Measurement of Residual Stress", in *Ultrasonic materials characterization: proceedings of the first International Symposium on Ultrasonic Materials Characterization*, Gaitjersburg, 1978, S. 173–177.

[24] C. O. Ruud, „A review of selected non-destructive methods for residual stress measurement", *NDT International*, Bd. 15, Nr. 1, S. 15–23, Feb. 1982.

[25] J. W. Ager und M. D. Drory, „Quantitative measurement of residual biaxial stress by Raman spectroscopy in diamond grown on a Ti alloy by chemical vapor deposition", *Phys. Rev. B*, Bd. 48, Nr. 4, S. 2601–2607, Juli 1993.

[26] V. Teixeira, M. Andritschky, W. Fischer, H. . Buchkremer, und D. Stöver, „Analysis of residual stresses in thermal barrier coatings", *Journal of Materials Processing Technology*, Bd. 92–93, S. 209–216, Aug. 1999.

[27] J. Rebelo Kornmeier, J. Gibmeier, und M. Hofmann, „Minimization of spurious strains by using a Si bent-perfect-crystal monochromator: neutron surface strain scanning of a shot-peened sample", *Meas. Sci. Technol.*, Bd. 22, Nr. 6, S. 065705, Juni 2011.

[28] E. Macherauch und P. Müller, „Das $\sin^2\psi$-Verfahren der röntgenographischen Spannungsmessung", *Z. angew. Physik*, Bd. 13, S. 340–345, 1961.

[29] B. Eigenmann und E. Macherauch, „Röntgenographische Untersuchung von Spannungszuständen in Werkstoffen", *Materialwissenschaft und Werkstofftechnik*, Bd. 26, Nr. 3, S. 148–160, März 1995.

[30] B. Eigenmann und E. Macherauch, „Röntgenographische Untersuchung von Spannungszuständen in Werkstoffen. Teil II.“, *Materialwissenschaft und Werkstofftechnik*, Bd. 26, Nr. 4, S. 199–216, Apr. 1995.

[31] B. Eigenmann und E. Macherauch, „Röntgenographische Untersuchung von Spannungszuständen in Werkstoffen Teil IV.“, *Materialwissenschaft und Werkstofftechnik*, Bd. 27, Nr. 10, S. 491–501, Okt. 1996.

[32] C. Genzel, C. Stock, und W. Reimers, „Application of energy-dispersive diffraction to the analysis of multiaxial residual stress fields in the intermediate zone between surface and volume“, *Materials Science and Engineering: A*, Bd. 372, Nr. 1–2, S. 28–43, Mai 2004.

[33] M. G. Moore und W. P. Evans, „Mathematical Correction for Stress in Removed Layers in X-Ray Diffraction Residual Stress Analysis“, *SAE Transactions*, Bd. 66, S. 340–345, 1958.

[34] U. Selvadurai-Laßl, „Beitrag zur röntgenographischen Charakterisierung von Wärmedämmschichten“, Dissertation, Universität Dortmund, 2002.

[35] M. B. Prime, „Cross-Sectional Mapping of Residual Stresses by Measuring the Surface Contour After a Cut“, *J. Eng. Mater. Technol.*, Bd. 123, Nr. 2, S. 162, 2001.

[36] M. B. Prime, „Residual Stress Measurement by Successive Extension of a Slot: The Crack Compliance Method“, *Appl. Mechn. Rev.*, Bd. 52, Nr. 2, S. 75, 1999.

[37] R. G. Treuting und W. T. Read, „A Mechanical Determination of Biaxial Residual Stress in Sheet Materials“, *J. Appl. Phys.*, Bd. 22, Nr. 2, S. 130 –134, Feb. 1951.

[38] J. Lu, *Handbook of measurement of residual stresses*. Lilburn: Fairmont Press, 1996.

[39] G. G. Stoney, „The Tension of Metallic Films Deposited by Electrolysis“, *Proceedings of the Royal Society of London. Series A, Containing Papers of a Mathematical and Physical Character*, Bd. 82, Nr. 553, S. 172–175, Mai 1909.

[40] O. Kesler, J. Matejicek, S. Sampath, S. Suresh, T. Gnaeupel-Herold, P. C. Brand, und H. J. Prask, „Measurement of residual stress in plasma-sprayed metallic, ceramic and composite coatings“, *Mat. Sci. Eng. A*, Bd. 257, Nr. 2, S. 215–224, Dez. 1998.

[41] T. C. Totemeier und J. K. Wright, „Residual stress determination in thermally sprayed coatings—a comparison of curvature models and X-ray techniques“, *Surface and Coatings Technology*, Bd. 200, Nr. 12–13, S. 3955–3962, März 2006.

[42] D. J. Greving, E. F. Rybicki, und J. R. Shadley, „Through-thickness residual stress evaluations for several industrial thermal spray coatings using a modified layer-removal method“, *J. Therm. Spray Technol.*, Bd. 3, Nr. 4, S. 379–388, Dez. 1994.

[43] ASTM E837-08, „Standard Test Method for Determining Residual Stresses by Hole-Drilling Strain-Gage methode“. .

[44] J. Mathar, „Ermittlung von Eigenspannungen durch Messung von Bohrlochverformungen“, *Archiv für das Eisenhüttenwesen 6. Jahrgang Heft 7*, S. 277–281, Jan. 1933.

[45] G. Kirsch, „Die Theorie der Elastizität und die Bedürfnisse der Festigkeitslehre", *Zeitschrift des Vereines Deutscher Ingenieure*, Bd. XXXXII, Nr. 29, Juli 1898.

[46] P.V. Grant, J.D. Lord, und P.S. Whitehead, *Measurement Good Practice Guide No. 53 - Issue2: The Measurement of Residual Stresses by Inremental Hole Drilling Technique.*.

[47] Tech Note TN-503-6, „Measurement of Residual Stresses by the hole-Drillling Strain Gage Method". Vishay Micro-Measurements, 25-Jan-2005.

[48] A. Makino und D. Nelson, „Residual-stress determination by single-axis holographic interferometry and hole drilling—Part I: Theory", *Exp Mech*, Bd. 34, Nr. 1, S. 66–78, März 1994.

[49] D. Nelson, E. Fuchs, A. Makino, und D. Williams, „Residual-stress determination by single-axis holographic interferometry and hole drilling—Part II: Experiments", *Exp. Mech.*, Bd. 34, Nr. 1, S. 79–88, März 1994.

[50] D. V. Nelson, A. Makino, und E. A. Fuchs, „The holographic-hole drilling method for residual stress determination", *Opt. Laser Eng.*, Bd. 27, Nr. 1, S. 3–23, Mai 1997.

[51] D. V. Nelson, „Residual Stress Determination by Hole Drilling Combined with Optical Methods", *Exp Mech*, Bd. 50, Nr. 2, S. 145–158, Jan. 2010.

[52] B. Pan, K. Qian, H. Xie, und A. Asundi, „Two-dimensional digital image correlation for in-plane displacement and strain measurement: a review", *Meas. Sci. Technol.*, Bd. 20, Nr. 6, S. 062001, Juni 2009.

[53] J. D. Lord, D. Penn, und P. Whitehead, „The Application of Digital Image Correlation for Measuring Residual Stress by Incremental Hole Drilling“, *App. Mech. Mater.*, Bd. 13–14, S. 65–73, 2008.

[54] J. Chen, Y. Peng, und S. Zhao, „Comparison between grating rosette and strain gage rosette in hole-drilling combined systems“, *Opt. Laser Eng.*, Bd. 47, Nr. 9, S. 935–940, Sep. 2009.

[55] G. S. Schajer und M. Steinzig, „Full-field calculation of hole drilling residual stresses from electronic speckle pattern interferometry data“, *Exp. Mech.*, Bd. 45, Nr. 6, S. 526–532, Dez. 2005.

[56] M. Steinzig und E. Ponslet, „Residual Stress Measurement Using the Hole Drilling Method and Laser Speckel Interferometry Part I“, *Experimental Techniques*, Bd. 27, Nr. 3, S. 43–46, 2003.

[57] M. Steinzig und T. Takahashi, „Residual Stress Measurement Using the Hole Drilling Method and Laser Speckle Interferometry Part IV: Measurement Accuracy“, *Experimental Techniques*, Bd. 27, Nr. 6, S. 59–63, Nov. 2003.

[58] E. Ponslet und M. Steinzig, „Residual Stress Measurement Using the Hole Drilling Method and Laser Speckle Interferometry Part II: Analysis Technique“, *Experimental Techniques*, Bd. 27, Nr. 4, S. 17–21, Juli 2003.

[59] E. Ponslet und M. Steinzig, „Residual Stress Measurement Using the Hole Drilling Method and Laser Speckle Interferometry Part III: Analysis Technique“, *Experimental Techniques*, Bd. 27, Nr. 5, S. 45–48, Sep. 2003.

[60] G. S. Schajer, „Use of displacement data to calculate strain gauge response in non-uniform strain fields“, *Strain*, S. 9–13, Feb. 1993.

[61] G. S. Schajer, „Advances in Hole-Drilling Residual Stress Measurements“, *Exp. Mech.*, Bd. 50, Nr. 2, S. 159–168, Feb. 2010.

[62] G. S. Schajer, „Hole-Drilling Residual Stress Measurements at 75: Origins, Advances, Opportunities“, *Exp. Mech.*, Bd. 50, Nr. 2, S. 245–253, 2010.

[63] J. Münker, „Untersuchung und Weiterentwicklung der Auswertemethoden für teilzerstörende Eigenspannungsmessverfahren“, Dissertation, Universität-Gesamthochschule Siegen, 1993.

[64] T. Schwarz und H. Kockelmann, „Die Bohrlochmethode - ein für viele Anwendungsbereiche optimales Verfahren zur experimentellen Ermittlung von Eigenspannungen“, *Messtechnische Briefe*, Bd. 29, S. 33–38, 1993.

[65] H. Kockelmann und G. König, „Ablschlussbericht zum DFG-Forschungsvorhaben Ko 896/2-1 Kennwort: Bohrlochemethode“, Materialprüfanstalt (MPA) Stuttgart, Okt. 1987.

[66] G. König, „Ein Beitrag zur Weiterentwicklung teilzerstörender Eigenspannungsmeßverfahren“, MPA Stuttgart, Heft 91-2, 1991.

[67] G. S. Schajer, „Measurement of Non-uniform Residual Stresses Using the Hole-Drilling Method. Part II - Practical Application of the Integral Method“, *J. Eng. Mater. Technol.*, Bd. 110, S. 344–349, Okt. 1988.

[68] G. S. Schajer, „Measurement of Non-uniform Residual Stresses Using the Hole-Drilling Method. Part I - Stress Calculation Procedures“, *Journal of Engineering Materials and Technology*, Bd. 110, S. 338–343, Okt. 1988.

[69] T. Schwarz, „Beitrag zur Eigenspannugnsermittlung an isotropen, anisotropen sowie inhomogenen, schichtweise aufgebauten Werkstoffen mittels Bohrlochmethode und Ringkernverfahren", Dissertation, Universität Stuttgart, 1996.

[70] N. Rendler und I. Vigness, „Hole-drilling strain-gage method of measuring residual stresses", *Exp. Mech.*, Bd. 6, Nr. 12, S. 577–586, Dez. 1966.

[71] G. S. Schajer, „Application of Finite Element Calculations to Residual Stress Measurements", *J. Eng. Mater. Technol.*, Bd. 103, Nr. 2, S. 157–163, Apr. 1981.

[72] E.G.Sobolevski, „Residual Stress Analysis of components with Real Geometries Using the Incremental Hole-Drilling Technique and a Differential Evaluation Method", Dissertation, Universität Kassel, 2007.

[73] J. Gibmeier, M. Kornmeier, und B. Scholtes, „Plastic Deformation during Application of the Hole-Drilling Method", *Mater. Sci. Forum*, Bd. 347–349, S. 131–137, 2000.

[74] J. Gibmeier, J. P. Nobre, und B. Scholtes, „Residual Stress Determination by the Hole Drilling Method in the Case of Highly Stressed Surface Layers", *Mater. Sci. Res. Int.*, Bd. 10, Nr. 1, S. 21–25, März 2004.

[75] J. P. Nobre, A. M. Dias, J. Gibmeier, und M. Kornmeier, „Local Stress-Ratio Criterion for Incremental Hole-Drilling Measurements of Shot-Peening Stresses", *J. Eng. Mater. Technol.*, Bd. 128, Nr. 2, S. 193–201, Apr. 2006.

[76] G. S. Schajer und E. Altus, „Stress Calculation Error Analysis for Incremental Hole-Drilling Residual Stress Measurements", *J. Eng. Mater. Technol.*, Bd. 118, Nr. 1, S. 120–126, Jan. 1996.

[77] W. Pfeiffer und Johannes Wenzel, „Verfahren zur Eigenspannungsermittlung eines Prüfkörpers“, EP1936346.

[78] J. W. Dini, G. A. Benedetti, und H. R. Johnson, „Residual stresses in thick electrodeposits of a nickel-cobalt alloy“, *Exp. Mech.*, Bd. 16, Nr. 2, S. 56–60, Feb. 1976.

[79] H. Lille, J. Koo, A. Rybchikov, S. Toropov, R. Veinthal, und A. Surzhenkov, „Comparative analysis of residual stresses in flame-sprayed and electrodeposited coatings using substrate deformation and hole-drilling methods“, gehalten auf der 7th International DAAAM Baltic Conference, Tallinn, Estonia, 2010, Bd. PROCEEDINGS OF THE 7TH INTERNATIONAL CONFERENCE OF DAAAM BALTIC INDUSTRIAL ENGINEERING.

[80] Y. Y. Santana, J. G. La Barbera-Sosa, M. H. Staia, J. Lesage, E. S. Puchi-Cabrera, D. Chicot, und E. Bemporad, „Measurement of residual stress in thermal spray coatings by the incremental hole drilling method“, *Surf. Coat. Technol.*, Bd. 201, Nr. 5, S. 2092–2098, Okt. 2006.

[81] T. Valente, C. Bartuli, M. Sebastiani, und A. Loreto, „Implementation and Development of the Incremental Hole Drilling Method for the Measurement of Residual Stress in Thermal Spray Coatings“, *J. Therm. Spray Technol.*, Bd. 14, S. 462–470, Dez. 2005.

[82] Y. Y. Santana, P. O. Renault, M. Sebastiani, J. G. La Barbera, J. Lesage, E. Bemporad, E. Le Bourhis, E. S. Puchi-Cabrera, und M. H. Staia, „Characterization and residual stresses of WC–Co thermally sprayed coatings“, *Surf. Coat. Technol.*, Bd. 202, Nr. 18, S. 4560–4565, Juni 2008.

[83] Y. Han, J. Nan, K. Xu, und J. Lu, „Residual stresses in plasma-sprayed hydroxyapatite coatings“, *J. Mater. Sci. Lett.*, Bd. 18, Nr. 13, S. 1087–1089, Juli 1999.

[84] F. Haase, „Eigenspannungsermittlung an dünnwandigen Bauteilen und Schichtverbunden“, Dissertation, Universität Dortmund, 1998.

[85] M. Buchmann, R. Gadow, und J. Tabellion, „Experimental and numerical residual stress analysis of layer coated composites“, *Mater. Sci. Eng. A*, Bd. 288, Nr. 2, S. 154–159, Sep. 2000.

[86] G. Montay, A. Cherouat, J. Lu, N. Baradel, und L. Bianchi, „Development of the high-precision incremental-step hole-drilling method for the study of residual stress in multi-layer materials: influence of temperature and substrate on ZrO2-Y2O3 8 wt.% coatings“, *Surf. Coat. Technol.*, Bd. 155, Nr. 2–3, S. 152–160, Juni 2002.

[87] „DIN EN ISO 6892-1:2009 Metallische Werkstoffe - Zugversuch - Teil 1: Prüfverfahren bei Raumtemperatur“, Berlin: Beuth Verlag.

[88] A. Wanner, „Elastic modulus measurements of extremely porous ceramic materials by ultrasonic phase spectroscopy“, *Mater. Sci. Eng. A*, Bd. 248, Nr. 1–2, S. 35–43, Juni 1998.

[89] A. Wanner, „Elastic Properties of Porous Structural Ceramics Produced by Plasma-Spraying“, *MRS Proceedings*, Bd. 521, doi1:0.1557/PROC-521–45, 1998.

[90] A. Kucuk, C. C. Berndt, U. Senturk, R. S. Lima, und C. R. C. Lima, „Influence of plasma spray parameters on mechanical properties of yttria stabilized zirconia coatings. I: Four point bend test“, *Mater. Sci. Eng. A*, Bd. 284, Nr. 1–2, S. 29–40, Mai 2000.

[91] „DIN EN ISO 14577 Metallic materials - Instrumented indentation test for hardness and materials parameters“, Berlin: Beuth Verlag.

[92] H.-J. Kim und Y.-G. Kweon, „Elastic modulus of plasma-sprayed coatings determined by indentation and bend tests", *Thin Solid Films*, Bd. 342, Nr. 1–2, S. 201–206, März 1999.

[93] „Material Product Data Sheet 99% Aluminium Powder For Thermal Spray". [Online]. Verfügbar unter: http://www.sulzer.com/en/-/media/Documents/ProductsAndServices/Coating_Materials/Thermal_Spray/ProductInformation/Metals_Aluminum_Base/DSMTS_0050_1_AlPowder.pdf. [Zugegriffen: 13-Okt-2012].

[94] K. Hoffmann, *Eine Einführung in die Technik des Messens mit Dehnungsmeßstreifen*, 1 Auflage. Druckerei Drach Pfungstadt, 1987.

[95] „Engauge Digitizer - Digitizing software". [Online]. Verfügbar unter: http://digitizer.sourceforge.net/. [Zugegriffen: 15-Jan-2013].

[96] „DIN EN ISO 8427 Geometrische Produktspezifikation (GPS) – Oberflächenbeschaffenheit: Tastschnittverfahren – Benennungen, Definitionen und Kenngrößen der Oberflächenbeschaffenheit", Berlin: Beuth Verlag.

[97] „Resmat Corporation - software - TexTools". [Online]. Verfügbar unter: http://www.resmat.com/software/software_textools.htm. [Zugegriffen: 02-Feb-2013].

[98] A. Nau und B. Scholtes, „Evaluation of the High-Speed Drilling Technique for the Incremental Hole-Drilling Method", *Exp. Mech.*, S. 1–12.

[99] Hibbit, Karlsson und Sorensen, *ABAQUS/Standard User's Manual*. Pawtucket, Rhode Island.

[100] N. Hetenyi, „Simulation der inkrementellen Bohrlochmethode für anisotrope Werkstoffzustände", Diplomarbeit, Institut für Werkstoffkunde I, Karlsruher Institut für Technologie, 2010.

[101] „The Perl Programming Language - www.perl.org". [Online]. Verfügbar unter: http://www.perl.org/. [Zugegriffen: 14-Mai-2013].

[102] „MATLAB - The Language of Technical Computing - MathWorks Deutschland". [Online]. Verfügbar unter: http://www.mathworks.de/products/matlab/. [Zugegriffen: 14-Mai-2013].

[103] „H-DRILL Hole-Drilling Residual Stress Calculation Program". [Online]. Verfügbar unter: http://www.schajer.org/. [Zugegriffen: 29-Juli-2012].

[104] L. N. Moskowitz, „Application of HVOF thermal spraying to solve corrosion problems in the petroleum industry—an industrial note", *J. Therm. Spray Technol.*, Bd. 2, Nr. 1, S. 21–29, März 1993.

[105] H. Windischmann, „Intrinsic stress in sputter-deposited thin films", *Crit. Rev. Solid State Mater. Sci.*, Bd. 17, Nr. 6, S. 547–596, 1992.

[106] A. Huhn, „Entwicklung einer Matlab-Auswertesoftware für die Anwendung der inkrementellen Bohrlochmethode zur Analyse von Eigenspannungen an texturierten Proben", Diplomarbeit, Universität Karlsruhe, Institut für Werkstoffkunde 1, 2010.

[107] R. Heitzmann, „Anwendung der inkrementellen Bohrlochmethode zu lokalen Eigenspannungsanalyse an Schichtverbunden Anwendungsfall: Thermisch gespritzte Al2O3-Beschichtung auf S690QL-Substrat", Bachelorarbeit, Karlsruhe Institut für Technologie, Institut für Angewandte Materialien - Werkstoffkunde, 2012.

[108] M. T. Hagan, H. B. Demuth, und M. H. Beale, *Neural Network Design*. Camps Publ. Service, 2002.

[109] D. W. Patterson, *Künstliche neuronale Netze: Das Lehrbuch (Prentice Hall*. Markt+Technik Verlag, 1997.

[110] Z. Zhang und K. Friedrich, „Artificial neural networks applied to polymer composites: a review“, *Comp. Sci. Technol.*, Bd. 63, Nr. 14, S. 2029–2044, Nov. 2003.

[111] H.K.D.H. Bhadeshia, „Neural Networks in Material Science“, *ISIJ Interalnational*, Bd. 39, Nr. 10, S. 966–979, 1999.

[112] „MathWorks Deutschland - Neural Network Toolbox - MATLAB“. [Online]. Verfügbar unter: http://www.mathworks.de/products/neural-network/. [Zugegriffen: 14-Dez-2012].

[113] J. Gibmeier, „Zum Einfluss von Last- und Eigenspannungen auf die Ergebnisse instrumentierter Eindringhärteprüfungen“, Dissertation, Universität Kassel, 2004.

[114] „Die Messung von Eigenspannungen mit dem DMS-Bohrlochverfahren“, *Technical Note: TN-503-6 Vishay - Measurement Group, Inc*, 2005.

[115] Matthias Köhler, „Merkblatt 383 ‚Plattiertes Blech‘“, *Stahl Informationszentrum Ausgabe 2006*.

[116] Vishay Micro-Measurements, „DMS-Rosetten zur Eigenspannungsmessung“, *www.vishay.com*. [Online]. Verfügbar unter: http://www.vishay.com/docs/10489/eigspg.pdf. [Zugegriffen: 03-Jan-2013].

[117] B. Winiarski und P. J. Withers, „Mapping Residual Stress Profiles at the Micron Scale Using FIB Micro-Hole Drilling“, *App. Mech. Mater.*, Bd. 24–25, S. 267–272, Juni 2010.

[118] M. Sebastiani, C. Eberl, E. Bemporad, und G. M. Pharr, „Depth-resolved residual stress analysis of thin coatings by a new FIB–DIC method“, *Mater. Sci. Eng. A*, Bd. 528, Nr. 27, S. 7901–7908, Okt. 2011.

[119] G. S. Schajer, B. Winiarski, und P. Withers, „Hole-Drilling Residual Stress Measurement with Artifact Correction Using Full-Field DIC", *Exp. Mech.*, Bd. 53, Nr. 2, S. 1–11.

[120] N. Sabaté, D. Vogel, J. Keller, A. Gollhardt, J. Marcos, I. Gràcia, C. Cané, und B. Michel, „FIB-based technique for stress characterization on thin films for reliability purposes", *Microelectron. Eng.*, Bd. 84, Nr. 5–8, S. 1783–1787, Mai 2007.

Schriftenreihe des Instituts für Angewandte Materialien

ISSN 2192-9963

Die Bände sind unter www.ksp.kit.edu als PDF frei verfügbar oder als Druckausgabe bestellbar.

Band 1 Prachai Norajitra
Divertor Development for a Future Fusion Power Plant. 2011
ISBN 978-3-86644-738-7

Band 2 Jürgen Prokop
Entwicklung von Spritzgießsonderverfahren zur Herstellung von Mikrobauteilen durch galvanische Replikation. 2011
ISBN 978-3-86644-755-4

Band 3 Theo Fett
New contributions to R-curves and bridging stresses – Applications of weight functions. 2012
ISBN 978-3-86644-836-0

Band 4 Jérôme Acker
Einfluss des Alkali/Niob-Verhältnisses und der Kupferdotierung auf das Sinterverhalten, die Strukturbildung und die Mikrostruktur von bleifreier Piezokeramik ($K_{0,5}Na_{0,5}$)NbO_3. 2012
ISBN 978-3-86644-867-4

Band 5 Holger Schwaab
Nichtlineare Modellierung von Ferroelektrika unter Berücksichtigung der elektrischen Leitfähigkeit. 2012
ISBN 978-3-86644-869-8

Band 6 Christian Dethloff
Modeling of Helium Bubble Nucleation and Growth in Neutron Irradiated RAFM Steels. 2012
ISBN 978-3-86644-901-5

Band 7 Jens Reiser
Duktilisierung von Wolfram. Synthese, Analyse und Charakterisierung von Wolframlaminaten aus Wolframfolie. 2012
ISBN 978-3-86644-902-2

Band 8 Andreas Sedlmayr
Experimental Investigations of Deformation Pathways in Nanowires. 2012
ISBN 978-3-86644-905-3

Band 9 Matthias Friedrich Funk
Microstructural stability of nanostructured fcc metals during cyclic deformation and fatigue. 2012
ISBN 978-3-86644-918-3

Band 10 Maximilian Schwenk
Entwicklung und Validierung eines numerischen Simulationsmodells zur Beschreibung der induktiven Ein- und Zweifrequenzrandschicht-härtung am Beispiel von vergütetem 42CrMo4. 2012
ISBN 978-3-86644-929-9

Band 11 Matthias Merzkirch
Verformungs- und Schädigungsverhalten der verbundstranggepressten, federstahldrahtverstärkten Aluminiumlegierung EN AW-6082. 2012
ISBN 978-3-86644-933-6

Band 12 Thilo Hammers
Wärmebehandlung und Recken von verbundstranggepressten Luftfahrtprofilen. 2013
ISBN 978-3-86644-947-3

Band 13 Jochen Lohmiller
Investigation of deformation mechanisms in nanocrystalline metals and alloys by in situ synchrotron X-ray diffraction. 2013
ISBN 978-3-86644-962-6

Band 14 Simone Schreijäg
Microstructure and Mechanical Behavior of Deep Drawing DC04 Steel at Different Length Scales. 2013
ISBN 978-3-86644-967-1

Band 15 Zhiming Chen
Modelling the plastic deformation of iron. 2013
ISBN 978-3-86644-968-8

Band 16 Abdullah Fatih Çetinel
Oberflächendefektausheilung und Festigkeitssteigerung von niederdruckspritzgegossenen Mikrobiegebalken aus Zirkoniumdioxid. 2013
ISBN 978-3-86644-976-3

Band 17 Thomas Weber
Entwicklung und Optimierung von gradierten Wolfram/ EUROFER97-Verbindungen für Divertorkomponenten. 2013
ISBN 978-3-86644-993-0

Band 18 Melanie Senn
Optimale Prozessführung mit merkmalsbasierter Zustandsverfolgung. 2013
ISBN 978-3-7315-0004-9